Mathias Steglich

UV-VIS-Spektroskopie großer Kohlenwasserstoff-Moleküle

Mathias Steglich

UV-VIS-Spektroskopie großer Kohlenwasserstoff-Moleküle

Polyzyklische aromatische Kohlenwasserstoffe und Diamantoide im astrophysikalischen Kontext

Südwestdeutscher Verlag für Hochschulschriften

Impressum/Imprint (nur für Deutschland/only for Germany)
Bibliografische Information der Deutschen Nationalbibliothek: Die Deutsche Nationalbibliothek verzeichnet diese Publikation in der Deutschen Nationalbibliografie; detaillierte bibliografische Daten sind im Internet über http://dnb.d-nb.de abrufbar.
Alle in diesem Buch genannten Marken und Produktnamen unterliegen warenzeichen-, marken- oder patentrechtlichem Schutz bzw. sind Warenzeichen oder eingetragene Warenzeichen der jeweiligen Inhaber. Die Wiedergabe von Marken, Produktnamen, Gebrauchsnamen, Handelsnamen, Warenbezeichnungen u.s.w. in diesem Werk berechtigt auch ohne besondere Kennzeichnung nicht zu der Annahme, dass solche Namen im Sinne der Warenzeichen- und Markenschutzgesetzgebung als frei zu betrachten wären und daher von jedermann benutzt werden dürften.

Coverbild: www.ingimage.com

Verlag: Südwestdeutscher Verlag für Hochschulschriften GmbH & Co. KG
Heinrich-Böcking-Str. 6-8, 66121 Saarbrücken, Deutschland
Telefon +49 681 37 20 271-1, Telefax +49 681 37 20 271-0
Email: info@svh-verlag.de

Zugl.: Jena, Friedrich-Schiller-Universität, Diss., 2011

Herstellung in Deutschland:
Schaltungsdienst Lange o.H.G., Berlin
Books on Demand GmbH, Norderstedt
Reha GmbH, Saarbrücken
Amazon Distribution GmbH, Leipzig
ISBN: 978-3-8381-1687-7

Imprint (only for USA, GB)
Bibliographic information published by the Deutsche Nationalbibliothek: The Deutsche Nationalbibliothek lists this publication in the Deutsche Nationalbibliografie; detailed bibliographic data are available in the Internet at http://dnb.d-nb.de.
Any brand names and product names mentioned in this book are subject to trademark, brand or patent protection and are trademarks or registered trademarks of their respective holders. The use of brand names, product names, common names, trade names, product descriptions etc. even without a particular marking in this works is in no way to be construed to mean that such names may be regarded as unrestricted in respect of trademark and brand protection legislation and could thus be used by anyone.

Cover image: www.ingimage.com

Publisher: Südwestdeutscher Verlag für Hochschulschriften GmbH & Co. KG
Heinrich-Böcking-Str. 6-8, 66121 Saarbrücken, Germany
Phone +49 681 37 20 271-1, Fax +49 681 37 20 271-0
Email: info@svh-verlag.de

Printed in the U.S.A.
Printed in the U.K. by (see last page)
ISBN: 978-3-8381-1687-7

Copyright © 2011 by the author and Südwestdeutscher Verlag für Hochschulschriften GmbH & Co. KG and licensors
All rights reserved. Saarbrücken 2011

Inhaltsverzeichnis

1 Einleitung   7
  1.1 UV-VIS-spektroskopische Eigenschaften interstellarer Staubteilchen und Moleküle 7
  1.2 Tendenzielle Zuordnungen interstellarer UV-VIS-Banden 11

2 Experimentelle und theoretische Techniken   17
  2.1 Gasphasenkondensation und spektroskopische Untersuchungen 17
    2.1.1 Herstellung, Extraktion und Trennung interstellarer Staubanaloga 17
    2.1.2 Matrixisolationsspektroskopie und FUV-Bestrahlung 20
  2.2 Theoretische Molekülspektren 26
    2.2.1 Elektronische und vibronische Zustände von Molekülen 26
    2.2.2 Übergänge zwischen Molekülzuständen 28
    2.2.3 Elektronische Strukturmethoden 32

3 Polyzyklische aromatische Kohlenwasserstoffe   37
  3.1 Einleitung 37
  3.2 Trends in den elektronischen Spektren ausgewählter PAHs 41
    3.2.1 PAHs mit Seitengruppen 41
    3.2.2 Kleine PAHs bestehend aus 4 Benzolringen 44
    3.2.3 PAHs mit D_{6h}-Symmetrie 47
    3.2.4 PAHs mit irregulärer Geometrie 50
    3.2.5 PAH-Fluoreszenz 54
  3.3 Herstellung und Spektroskopie von PAH-Mischungen 55
    3.3.1 Laserpyrolyse und Analyse des Kondensats 56
    3.3.2 Elektronische Anregung künstlicher PAH-Mischungen 61
    3.3.3 Spektroskopische Untersuchungen an PAH-Mischungen 65
  3.4 PAHs als Träger der 217.5 nm UV-Bande 69
    3.4.1 Größenabhängigkeit der UV-Bande 69
    3.4.2 VUV-Anstieg der elektronischen Absorption 72
    3.4.3 Die UV-Bande bei ionisierten PAHs: Theoretische Vorhersagen 74
    3.4.4 Ionisierte PAHs in der Matrix: DBR^+ und HBC^+ 74
  3.5 Zusammenfassung 81

4 Diamantoide **87**

    4.1 Vorbetrachtungen 87

        4.1.1 Einleitung, astrophysikalischer Kontext 87

        4.1.2 Voruntersuchungen mittels IR-Spektroskopie 91

    4.2 Elektronische Spektroskopie ionisierter Diamantoide 95

        4.2.1 Details zu Theorie und Experiment 95

        4.2.2 Adamantan 97

        4.2.3 Diamantan 101

        4.2.4 Triamantan 102

        4.2.5 Tetramantan 103

    4.3 Weitere spektroskopische Eigenschaften 106

        4.3.1 Komplettes $\sigma-\sigma^*$ Absorptionsspektrum 106

        4.3.2 Rotationsspektren 109

    4.4 Zusammenfassung 111

Ausblick **115**

A Anhang **117**

    A.1 Kohlenstoffradikale 117

    A.2 PAHs 123

    A.3 Diamantoide 128

Literaturverzeichnis **133**

Danksagung **145**

Publikationsliste **147**

Abbildungsverzeichnis

1.1 Übersichtsspektrum der diffusen interstellaren Banden 8
1.2 Mittlere interstellare Extinktionskurven für verschieden gerötete Sichtlinien . . 10

2.1 Apparatur für die Laserpyrolyse 18
2.2 Matrixisolationsspektroskopie mit thermischer Verdampfung 23
2.3 Matrixisolationsspektroskopie mit Laserverdampfung 23
2.4 Wasserstoffentladungslampe für die FUV-Bestrahlung 24
2.5 Energieniveauschema von Molekülen 28
2.6 Molekülorbitale in Hückel- und DFT-Näherung 35

3.1 Die AIBs im mittleren IR 39
3.2 Variation der IR-Spektren von PAHs mit dem Ionisations- und Clustergrad . . . 40
3.3 Phenanthren und 9-Ethynyl-Phenanthren in Ne und Lösungsmittel 43
3.4 Aus vier Benzolringen zusammengesetzte PAHs 46
3.5 Matrixspektren von Coronen und HBC 48
3.6 Corannulen und Dibenzorubicen in Ar und Ne 51
3.7 Übergangszustandsdichte neutraler PAHs 53
3.8 Fluoreszenz von Dibenzorubicen 55
3.9 Fluoreszenz des LP-Kondensats 57
3.10 HPLC des DCM-Extraktes 59
3.11 Raman und TEM des LP-Rußes 60
3.12 Coronen & HBC im Vergleich mit semiempirischer Rechnung 62
3.13 Berechnete Absorptionskurven künstlicher PAH-Mischungen 64
3.14 Gemessene Spektren von PAH-Mischungen 66
3.15 PAHs unterschiedlicher Größen mit D_{6h} und D_{2h} Symmetrie im Vergleich 71
3.16 FUV-Anstieg großer PAHs 73
3.17 PAHs mit D_{6h} Symmetrie in unterschiedlichen Ladungszuständen 75
3.18 Spektren neutraler und ionisierter DBR- und HBC-Moleküle 78
3.19 PAHs im Vergleich mit den DIBs 85

4.1 Interstellare Absorption bei 3.47 μm im Vergleich mit Diamantoidspektrum . . . 90
4.2 Infrarot- und Ramanspektrum von Adamantan 92
4.3 Infrarot- und Ramanspektrum von Diamantan 93

4.4 UV-VIS-Spektroskopie der Adamantan-Photoprodukte 98
4.5 UV-VIS-Spektroskopie der Diamantan-Photoprodukte 102
4.6 UV-VIS-Spektroskopie der Triamantan-Photoprodukte 104
4.7 UV-VIS-Spektroskopie der Tetramantan-Photoprodukte 105
4.8 $\sigma-\sigma^*$ Absorptionsspektren von Diamantoiden 108
4.9 Simulierte Rotationsspektren der 1-Adamantyl- und 4-Diamantyl-Kationen . . . 111

A.1 Transmissionsspektrum von C-Radikalen in Ar-Matrix 118
A.2 IR-Absorptionsspektrum von C-Radikalen in Ar direkt nach der Laserverdampfung 118
A.3 IR-Absorptionsspektrum von C-Radikalen in Ar nach Annealing der Matrix . . . 119
A.4 Häufigkeit der kleineren C-Radikale vor und nach Annealing. 119
A.5 UV-VIS-Spektren der C-Cluster in Ar-Matrix 120
A.6 UV-VIS-Spektren der C-Cluster in Ne und Ar 121
A.7 Elektronische C_9-Bande in Matrix und Gasphase 121
A.8 CRDS-Spektrum im Bereich des $^1\Sigma_u^+ \leftarrow X^1\Sigma_g^+$ Übergangs von C_9 122
A.9 p_z-Orbitale in Pyren 123
A.10 Im ZINDO-Modell (Abb. 3.13) verwendete PAHs 125
A.11 Lösungsmittelspektren von PAHs im Vergleich mit der ZINDO-Methode 126
A.12 PAHs mit D_{2h} Symmetrie in unterschiedlichen Ladungszuständen 127
A.13 Berechnete Infrarotspektren von Adamantan und kationischer Derivate 128
A.14 Berechnete Infrarotspektren von Diamantan und kationischer Derivate 129
A.15 Berechnete Infrarotspektren von Triamantan und kationischer Derivate (I) . . . 130
A.16 Berechnete Infrarotspektren von Triamantan und kationischer Derivate (II) . . . 131

Verwendete Abkürzungen

9EPh	9-Ethynyl-Phenanthren ($C_{16}H_{10}$)
AGB	engl.: Asymptotic Giant Branch (AGB-Stern)
AIB	Aromatische Infrarotbande
AM1	Austin-Modell 1 (semiempirisches Berechnungsverfahren)
B3LYP	Becke-3-Parameter-Lee-Yang-Parr-Hybridfunktional (aus der Dichtefunktionaltheorie)
BO	Born-Oppenheimer (BO-Näherung)
CC	Circumcoronen ($C_{54}H_{18}$)
CI	engl.: Configuration Interaction (Erweiterung der Hartree-Fock-SCF-Methode)
Cor	Coronen ($C_{24}H_{12}$)
CRDS	engl.: Cavity Ring Down Spectroscopy
cw	engl.: continuous wave (cw-Laser)
DBR	Dibenzorubicene ($C_{30}H_{14}$)
DCM	Dichlormethan (CH_2Cl_2; Lösungsmittel)
DFT	Dichtefunktionaltheorie
DIB	Diffuse Interstellare Bande
EELS	engl.: Electron Energy Loss Spectroscopy
ERE	engl.: Extended Red Emission
FC	Franck-Condon (FC-Näherung, FC-Faktor)
FUV	Fernes Ultraviolett (gewöhnlich in Verbindung mit Bestrahlungsprozessen; $\lambda < 200$ nm)
FWHM	engl.: Full Width at Half Maximum (Halbwertsbreite)
GC/MS	Gaschromatographie/Massenspektrometrie
HAC	engl.: Hydrogenated Amorphous Carbon (hydrierter amorpher Kohlenstoff)
HBC	(Hexa-peri-)Hexabenzocoronen ($C_{42}H_{18}$)
HD	Bezeichnung astrophysikalischer Objekte (Henry-Draper-Katalog)
HF	Hartree-Fock (HF-Methode, quantenchemisches Berechnungsverfahren)
HOMO	engl.: Highest Occupied Molecular Orbital (höchstes besetztes Molekülorbital)
HPLC	engl.: High Performance Liquid Chromatography
HRTEM	engl.: High Resolution Transmission Electron Microscopy
ILS	engl.: Intermediate Level Structure
IR	Infrarot ($\lambda > 800$ nm)
ISM	Interstellares Medium
IUPAC	engl.: International Union of Pure and Applied Chemistry
LCAO	engl.: Linear Combination of Atomic Orbitals (Molekülorbitaltheorie)
LP	Laserpyrolyse
LUMO	engl.: Lowest Unoccupied Molecular Orbital (niedrigstes unbesetztes Molekülorbital)
MALDI-TOF	engl.: Matrix-Assisted Laser Desorption/Ionization Time-Of-Flight mass spectrometry
MIS	Matrixisolationsspektroskopie
NIR	Nahes Infrarot (800 nm $< \lambda <$ 1500 nm)
PAH	engl.: Polycyclic Aromatic Hydrocarbon (Polyzyklischer aromatischer Kohlenwasserstoff)
Ph	Phenanthren ($C_{14}H_{10}$)
PL	Photolumineszenz
PTFE	Polytetrafluorethylen (($C_2F_4)_n$; Filtermaterial, u.a. zum Einsatz in der Laserpyrolyse)
R2C2PI	engl.: Resonant Two-Color Two-Photon Ionization
SCF	engl.: Self Consistent Field (aus der Hartree-Fock-Theorie)
STO	engl.: Slater Type Orbital (in der LCAO-Näherung als Atomorbitale eingesetzt)

TDDFT	engl.: Time-Dependent Density Functional Theory (zeitabhängige Dichtefunktionaltheorie)
TMC-1	engl.: Taurus Molecular Cloud 1 (Molekülwolke)
UV	Ultraviolett ($\lambda < 400$ nm)
VIS	engl.: Visible (sichtbarer Spektralbereich, 400 nm $< \lambda < 800$ nm)
VUV	Vakuum-Ultraviolett (gewöhnlich im spektroskopischen Zusammenhang; $\lambda < 200$ nm)
ZINDO	engl.: Zerner's Model of Intermediate Neglect of Differential Overlap (semiempirisches Modell)

Kapitel 1

Einleitung

1.1 UV-VIS-spektroskopische Eigenschaften interstellarer Staubteilchen und Moleküle

Das wohl älteste ungelöste Problem in der astronomischen Spektroskopie liegt im nach wie vor ungeklärten Ursprung der diffusen interstellaren Banden (DIBs; Sarre, 2006). Die DIBs sind hauptsächlich im sichtbaren Spektralbereich auftauchende Absorptionsbanden, die in den Spektren von hinter diffusen interstellaren Wolken liegenden Sternen erscheinen. Die ersten Beobachtungen der DIBs datieren zurück auf das Jahr 1922 (Heger, 1922), erste systematische Studien wurden in den dreißiger Jahren durchgeführt (Merrill, 1934, 1936). Dabei wurden die ersten Banden bei 5780.4, 5796.9, 6283.9 und 6613.9 Å gefunden. Bereits damals wurde erkannt, dass ihre Träger *nicht* in (zirkum)stellaren Umgebungen zu finden sind. Jedoch vermutete man zu diesem Zeitpunkt noch Atome als Verursacher, da die ersten einfachen Moleküle im All, wie CH, CH^+ und CN, erst einige Jahre später nachgewiesen werden konnten (siehe z.B. Herzberg, 1988). Seitdem wurden mehr als 400 derartige Banden interstellaren Ursprungs im Wellenlängenbereich 400–1300 nm (ca. 1–3 eV; siehe Abb. 1.1) gefunden. Unterhalb von 400 nm behindert gewöhnlich die Extinktion der Erdatmosphäre Beobachtungen durch erdgebundene Teleskope. Allerdings deuten aktuelle Untersuchungen an, dass der UV-Bereich frei von DIBs ist (Clayton et al., 2003; Gredel et al., 2011). Die Bezeichnung der Banden als „diffus" resultiert aus den zwischen 2 und 100 cm^{-1} variierenden Bandenbreiten, die somit größer sind als diejenigen von Atomen und kleinen Molekülen, welche bereits entlang der jeweiligen Sichtlinien identifiziert werden konnten. Die Breite wird in diesem Zusammenhang gewöhnlich auf eine, oft bei größeren Molekülen beobachtete, kurze Lebensdauer im angeregten Zustand des für die Bande verantwortlichen elektronischen Übergangs zurückgeführt. Neben den unterschiedlichen Breiten gibt es auch hinsichtlich der Bandenformen mitunter starke Variationen. Die DIBs mit den geringsten Breiten können asymmetrische Profile mit Substruktur aufweisen, während sich breite DIBs, wie z.B. die sehr starke $\lambda 4428$Å-Bande, häufig durch ein nahezu perfektes Lorentzprofil (Lebensdauerverbreiterung!) auszeichnen und selbst bei spektral hochaufgelösten Beobachtungen (Auflösung $\sim 10^6$) keine Substruktur erken-

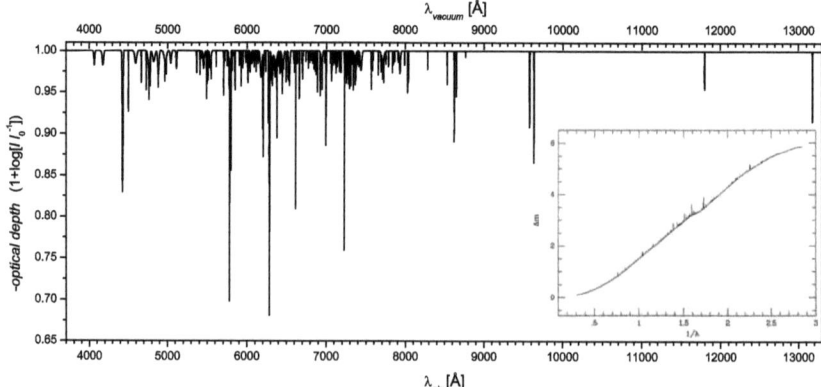

Abbildung 1.1: Übersichtsspektrum der DIBs (nach Jenniskens & Désert, 1994). Unten rechts: DIBs als „Feinstruktur" auf der interstellaren Extinktionskurve (HD 183143; Herbig, 1995). Zu beachten ist die unterschiedliche Einteilung der x-Achsen (Wellenlänge λ in nm bzw. inverse Wellenlänge λ^{-1} in μm^{-1}). Die y-Achsen sind jeweils direkt proportional zum Absorptionskoeffizienten.

nen lassen. Trotz enormen technologischen Fortschritts und zahlreicher Studien theoretischer, experimenteller sowie beobachtender Natur gelang bis heute keine zweifelsfreie Identifikation der ursächlichen Bandenträger. Da die DIBs allgegenwärtig in nahezu allen geröteten galaktischen Sichtlinien, aber auch in externen Galaxien, wie z.B. den Magellanschen Wolken, auftauchen, würde eine zweifelsfreie Identifikation der Träger(moleküle) einen gewaltigen Fortschritt darstellen und bedeutende neue Erkenntnisse auf dem Gebiet der Astrochemie erbringen.

Weit entfernte Sterne erscheinen dem Beobachter im Vergleich zu analogen Sternen in direkter Nachbarschaft gerötet, da die Lichtabschwächung (Streuung & Absorption) durch die interstellare Materie hin zu kürzeren Wellenlängen anwächst. Die in Abb. 1.2 dargestellte interstellare Extinktionskurve lässt sich im Mittel (!) anhand eines einzigen Parameters, der Rötung im Sichtbaren (R_V), beschreiben (Cardelli et al., 1989). Dabei beschreibt der Rötungsparameter R_V im Wesentlichen den Anstieg der Extinktion im optischen Spektralbereich. Er variiert für verschiedene galaktische Sichtlinien im Regelfall zwischen 1.2 und 5.8, der galaktische Mittelwert liegt bei $R_V = 3.1$ (Draine, 2003). Abgesehen von den DIBs, die der Extinktionskurve überlagert sind, ist deren augenscheinlichstes Merkmal eine extrem breite Bande[1] bei 2175 Å (4.6 μm^{-1}). Aufgrund von kosmischen Häufigkeitsbeschränkungen und den spek-

---

[1] Die Bezeichnung „Bande" ist strenggenommen (im Sinne der Molekülphysik) nicht ganz korrekt und ist hier als „nicht näher identifiziertes, spektroskopisches Merkmal" zu verstehen. Analog wurde für die meisten diffusen interstellaren „Banden" bisher kein Nachweis erbracht, dass diese sich aus spektral nicht aufgelösten Rotationslinien, wie bei Molekülen in der Gasphase, zusammensetzen.

troskopischen Eigenschaften kleiner Kohlenstoffpartikel wurde dieser sogenannte UV-*Bump* seit jeher mit graphitischen bzw. kohlenstoffbasierten Materialien und Nanoteilchen in Verbindung gebracht. Ein eindeutiger Nachweis dieser Hypothese, der unter anderem die weiter unten beschriebenen beobachteten Eigenschaften des 2175 Å-*Bumps* erklären kann, ist bisher noch nicht erbracht worden.

Im Bereich 3.3 − 8 μm^{-1} lässt sich die interstellare Extinktionskurve (Abb. 1.2) durch die Funktion

$$A(k = \lambda^{-1}) = a_1 + a_2 k + \frac{a_3}{(k - k_{max}^2/k)^2 + \gamma^2} + a_4 f_{FUV}(k) \quad (1.1)$$

anfitten (Fitzpatrick & Massa, 1988). Der Anstieg der Kurve im fernen UV (FUV) kann durch

$$f_{FUV}(k = \lambda^{-1}) = \begin{cases} 0.5392(k - 5.9)^2 + 0.0564(k - 5.9)^3, & 5.9 < k < 8 \ \mu m^{-1} \\ 0, & k \leq 5.9 \ \mu m^{-1} \end{cases} \quad (1.2)$$

beschrieben werden ($k = \lambda^{-1}$). Dabei korreliert die Stärke des FUV-Anstieges in etwa mit der Rötung im Sichtbaren derart, dass stark gerötete Sichtlinien im Regelfall einen geringen Anstieg der Extinktionskurve im FUV aufweisen (siehe u.a. Cardelli et al., 1989). Der UV-*Bump* selbst wird in sehr guter Näherung durch das in Gleichung 1.1 enthaltene Drudeprofil $a_3 \left[(k - k_{max}^2/k)^2 + \gamma^2 \right]^{-1}$ beschrieben, wobei k_{max} ungefähr das Maximum und γ die Breite der Bande darstellen. Die wesentlichen Eigenschaften des in vielen verschiedenen galaktischen Sichtlinien beobachteten *Bumps* sind (Rouleau et al., 1997)

1. die Konstanz in der Peakposition (4.6 ± 0.04 μm^{-1}), bei nur sehr geringen Variationen von $\lesssim$ 1%, die jedoch größer sind als mögliche Beobachtungsfehler,

2. die dagegen stark variierende Breite $\gamma = 1.0 \pm 0.25 \ \mu m^{-1}$ ($\lesssim$ 25%)

3. sowie die Tatsache, dass zwischen Peakposition und Bandenbreite keine Korrelation existiert - ausgenommen für die breitesten UV-*Bumps* ($\gamma \gtrsim 1.2 \ \mu m^{-1}$), für die eine systematische Blauverschiebung beobachtet wurde.

Diese Einschränkungen konnten durch die bisher vorgeschlagenen Staubmodelle gar nicht oder nur unbefriedigend erklärt werden. Insbesondere die beinahe feste Bandenposition bei 217.5 nm erscheint dabei rätselhaft. Ein ähnlicher Extinktions-*Bump* wurde zum Teil auch in zirkumstellaren Hüllen gefunden. Dessen Eigenschaften, beispielsweise die Peakposition, können dort jedoch von denen im interstellaren Medium abweichen. Zudem weisen einige wenige Sichtlinien, bei denen das Sternenlicht z.B. besonders wasserstoffarme Regionen passiert, mitunter absonderliche Extinktionskurven mit entweder stark ins Rote oder ins Blaue verschobenen *Bump*-Positionen auf (weiteres siehe z.B. Rouleau et al., 1997, und darin angegebene Quellen). Diese Ausnahmefälle lassen eventuell Rückschlüsse auf die Träger dieser Bande zu.

Die Extinktionskurve setzt sich aus einem Absorptions- sowie einem Streuanteil zusammen. Es existieren verschiedene Ansätze, um die Albedo, d.h. das Verhältnis von Streu- zu Absorptionsquerschnitt, zu bestimmen (für eine gute Zusammenfassung siehe z.B. Gordon, 2004). Abgesehen vom UV-*Bump*, der wohl zu 100% durch Absorption verursacht wird, ist der absolute

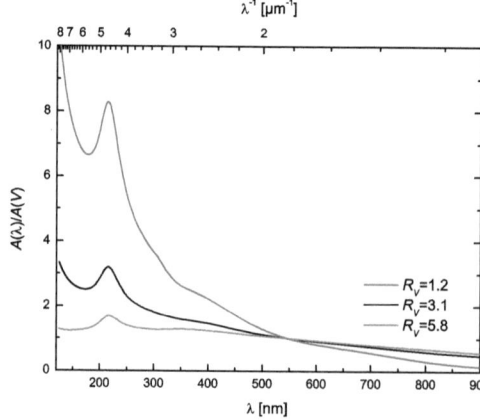

Abbildung 1.2: Mittlere interstellare Extinktionskurven für verschieden gerötete Sichtlinien, normiert auf die Extinktion im V-Band (550 nm; nach Cardelli et al., 1989).

Streuanteil in der interstellaren Extinktionskurve eher ungewiss. Beobachtungen deuten eine strukturlose, im UV annähernd konstante oder leicht ansteigende Streukurve an (Calzetti et al., 1995). Die ermittelten Werte für die Albedo, insbesondere im Sichtbaren, weisen bei den verschiedenen Methoden starke Fluktuationen zwischen etwa 0.2 und 0.8 auf, die im Wesentlichen durch modellhafte Vereinfachungen der Staubwolkengeometrien sowie unbekannter Phasenfunktionen entstehen (Mathis, 1990). Eine weitere Fehlerquelle wären im Sichtbaren und UV lumineszierende Moleküle, die bei diesen Messungen als Streulicht interpretiert die final ermittelte Albedo systematisch zu hoch ausfallen lassen würden.

Die interstellare Extinktion weist eine weitere Besonderheit auf. Das bei uns eintreffende Licht geröteter Sterne ist geringfügig linear polarisiert (z.B. Mathis, 1990; Draine, 2003). Die Polarisation wird vermutlich durch nadel- oder plättchenförmige Staubteilchen (und -moleküle) hervorgerufen, die im interstellaren Magnetfeld unserer Galaxie eine partielle Richtungsorientierung erfahren und demzufolge die Extinktion einer speziellen Polarisationsrichtung begünstigen. Die Stärke der Lichtpolarisierung hängt von der Temperatur, der Anisotropie und den magnetischen und optischen Eigenschaften der Teilchen sowie der Stärke und Richtungsvarianz des Magnetfeldes entlang der entsprechenden Sichtlinie ab. Die Extinktionskoeffizienten der beiden zueinander senkrechten Polarisationsmoden können sich für gewisse Sichtlinien und Wellenlängen um bis zu 6% voneinander unterscheiden. Die Träger des UV-*Bumps* bzw. der DIBs scheinen derweil nicht für die Polarisierung des Sternenlichtes verantwortlich zu sein, entweder aufgrund fehlender Anisotropie oder nicht genügend starker Ausrichtung im Magnetfeld, was z.B. mit molekularen Bandenträgern vereinbar wäre (Draine, 2003; Cox et al., 2007).

1.2 Tendenzielle Zuordnungen interstellarer UV-VIS-Banden

In diesem Abschnitt werden die bisherigen Erkenntnisse und Vermutungen über die Träger der zuvor beschriebenen interstellaren Absorptionsbanden zusammengefasst. Im Falle der DIBs bietet der Artikel von Sarre (2006) einen guten Überblick. Wichtige Einblicke über die Bandenträger der DIBs konnten durch die Verknüpfung von Bandenstärken mit anderen Beobachtungsgrößen der interstellaren Materie gewonnen werden. So existiert, abgesehen von einigen wenigen Ausnahmen, eine Korrelation zwischen der allgemeinen Stärke der DIBs und der generellen, durch Staub verursachten Rötung im Sichtbaren (Snow et al., 2002). Eine weitere Korrelation besteht zur Säulenstärke der H-Atome, scheinbar jedoch nicht zur Säulenstärke der H_2-Moleküle. Zudem wurden einzelne DIBs auf Abhängigkeiten mit bereits identifizierten kleinen Molekülen, wie etwa C_2 und C_3, und auf Abhängigkeiten untereinander untersucht, um sie möglicherweise einem gemeinsamen Träger zuzuordnen bzw. Vibrationsstrukturen aufzudecken. Die aus diesen Untersuchungen gewonnenen Resultate sind jedoch zum Teil widersprüchlich, mitunter mussten gefundene Korrelationen später wieder korrigiert werden (siehe u.a. Moutou et al., 1999; Galazutdinov et al., 2002; Thorburn et al., 2003; Cox et al., 2005; McCall et al., 2005; Galazutdinov et al., 2006, und darin angegebene Quellen).

Eine Vielzahl verschiedener Stoffe wurden bereits als Verursacher der DIBs vorgeschlagen (Sarre, 2006). Dazu zählen freifliegende oder auf Staubkörnern adsorbierte Moleküle, wie Porphyrine, Kohlenstoffketten, polyzyklische aromatische Kohlenwasserstoffe (PAHs) und Fullerene, Kohlenstoffnanoröhrchen, Farbzentren und Kristallgitterfehler in größeren Festkörpereinheiten sowie Wasserstoff und Helium in verschiedenen Zuständen (u.a. als „Rydberg-Materie" Holmlid, 2004, 2008). Als wesentliche spektroskopische Eigenschaft der DIBs sei das scheinbare Fehlen jedweder Regelmäßigkeit in den Wellenzahlpositionen erwähnt, was als Hinweis auf eine Vielzahl verschiedener Träger gedeutet werden kann. Hauptsächlich aufgrund der Bandenbreiten und -formen geht man heute davon aus, dass die Träger der DIBs große, bisher nicht näher identifizierte, bestrahlungsresistente Moleküle in der Gasphase sind, die mitunter durch schnelle interne Relaxationsprozesse breite Absorptionsbanden aufweisen. Jene Moleküle liegen unter interstellaren Bedingungen im schwingungsfreien Grundzustand vor. Ihre Rotationstemperaturen können zwischen 3 K für polare (wie für CN gemessen) und 100 K für nichtpolare Moleküle (C_2) variieren. Die aus diesen Temperaturen resultierenden Rotationsprofile großer Moleküle sind mit den zum Teil beobachteten Strukturen einiger DIBs (z.B. bei 6614 Å; Kerr et al., 1996), bestehend aus drei Komponenten, ähnlich den P-, Q- und R-Zweigen eines symmetrischen Kreiselmoleküls, vergleichbar (Malloci et al., 2003; Galazutdinov et al., 2008). Anhand dieser Strukturen lassen sich ungefähre Aussagen über die Temperatur oder die Größe der Bandenträger extrahieren. Beispielsweise sind die Profile der DIBs bei 6614, 5797 und 6379 Å konsistent mit PAHs, bestehend aus mehr als 40 C-Atomen, C-Ketten mit 12 bis 18 C-Atomen, C-Ringen mit etwa 30 C-Atomen oder Fullerenen (Ehrenfreund & Foing, 1996). Eine andere Erklärung der beobachteten Triplettstruktur mit Energieverschiebungen von Vibrationen durch Isotopenersetzung in C-basierten Molekülen (Walker et al., 2000) konnte inzwischen entkräftet werden, da beispielsweise für die λ6614 DIB die beiden äußeren Peaks in unterschiedlichen Sichtlinien an leicht unterschiedlichen energetischen Positionen gefunden wurden, während die zentrale Q-Komponente positionsstabil blieb, was sich nur mit der Rotationsstruktur eines Moleküls in der Gasphase erklären lässt (Cami et al., 2004). Die gefundenen Rotationstemperaturen variierten dabei zwischen 21 und 25 K.

Zur Zeit herrscht größtenteils Übereinstimmung darin, dass die Bandenträger der DIBs - zumindest teilweise - aus Kohlenstoff aufgebaute Moleküle sind, deren Dimensionierung zwischen den anhand ihrer elektronischen Spektren identifizierten Kohlenstoffradikalen C_2, C_3 und den kleinsten, für die Extinktion im Sichtbaren verantwortlichen Staubkörnern liegt. Die Identifizierung der weitverbreiteten Emissionsbanden im Infraroten (füher: *unidentified IR bands*, heute: *aromatic infrared bands* = AIBs) mit großen PAHs führte in den vergangenen Jahren zu einem verstärkten Interesse an diesen Molekülen (mehr dazu in Abschnitt 3.1). Untersuchungen der DIBs in lokalisierten astrophysikalischen Umgebungen (Sterne und Nebel) eröffnen die Möglichkeit, andere physikalische Bedingungen zu sondieren und möglicherweise etwas über den Ursprung der DIB-Träger zu erfahren. Als deren wahrscheinlichster Entstehungsort werden seit jeher die zirkumstellaren Hüllen masseabstoßender, kohlenstoffreicher Sterne vermutet. Allerdings konnten dort, abgesehen von den Banden einiger kleiner Moleküle, bisher keine zirkumstellaren DIBs gefunden werden (Kendall et al., 2002). Obwohl die Ausgangsmoleküle der DIB-Bandenträger vermutlich in solchen Umgebungen gebildet werden, muss irgendeine weitere Prozessierung stattfinden, damit diese dann im interstellaren Medium spektroskopisch aktiv werden (Sarre, 2006).

Etwas anders sieht die Situation im Roten Rechtecknebel aus. In diesem wurden einige ungewöhnliche, bisher nicht näher identifizierte Emissionsbanden im Sichtbaren beobachtet, deren energetische Positionen in etwa mit denen der DIBs übereinstimmen (Fossey, 1991; Sarre, 1991; Sarre et al., 1995; Scarrott et al., 1992; van Winckel et al., 2002). Genauer gesagt sind die Positionen und Breiten der beobachteten Emissionsbanden abhängig von der Entfernung zum anregenden Stern. Sie scheinen mit größer werdender Distanz gegen die Positionen und Breiten der interstellaren Absorptionsbanden (DIBs) zu konvergieren. Der Rote Rechtecknebel weist ebenso die aromatischen Emissionsbanden im Infraroten auf. Eine Korrelation der DIB-ähnlichen Emission im Sichtbaren mit der starken PAH-Emission bei 3.3 μm konnte allerdings nicht festgestellt werden (Kerr et al., 1999).

In den letzten Jahren und Jahrzehnten wurden etliche Tieftemperaturspektren potenzieller DIB-Träger in der Gasphase und in Edelgasmatrizen gemessen. Obwohl einige dieser Daten aufgrund von ungewollten van-der-Waals-Wechselwirkungen, Anwendung indirekter Messmethoden, unbekannten internen Anregungsgraden oder ungenauer Kalibrierung nicht immer direkt mit interstellaren Molekülbanden verglichen werden können, wäre eine Übereinstimmung mit den prominentesten und stärksten DIBs dennoch aufgefallen. Aktuelle „Beinahe-Treffer" bzw. Fälle, die noch nicht endgültig geklärt sind, wie etwa $C_{14}H$, C_7^-, $C_3H_2^-$, $C_{10}H_8^+$, C_5H_5, C_{60}^+ oder CH_2CN^-, betreffen fast ausnahmslos schwache und häufig eher breite DIBs ohne Substruktur (Sarre, 2006). Eine Liste der eindeutig identifizierten interstellaren Moleküle lässt sich derweil z.b. im Reviewartikel von Jochnowitz & Maier (2008a) finden. Diese Liste enthält im Wesentlichen Moleküle, die anhand ihrer Rotationsspektren nachgewiesen werden konnten, weshalb man tendenziell eher einfache, kettenförmige Moleküle mit starken permanenten Dipolmomenten vorfindet, darunter hauptsächlich neutrale und einige wenige einfach ionisierte Ketten, die neben C u.a. noch die Elemente H, N und O enthalten. Aus dieser Tendenz (zu kettenförmigen Molekülen) erklärt sich vermutlich auch das verstärkte Interesse, welches den im Radiobereich nicht nachweisbaren, aus etwa 4 bis 23 Atomen aufgebauten Kohlenstoffketten und -ringen in den vergangenen Jahren zuteil wurde (z.B. Motylewski et al., 2000; Maier et al., 2004; Jochnowitz & Maier, 2008a,b). Die bisher in der Gasphase gemessenen elektronischen Absorptionsbanden dieser Spezies ließen jedoch keine Übereinstimmung mit irgendwelchen DIBs erkennen.

In ins Vakuum expandierenden Kohlenwasserstoffplasmen wurden zwei Absorptionsbanden zweier unterschiedlicher Spezies gefunden, deren Positionen (eventuell nur zufällig) an den gleichen Stellen liegen, wie die beiden breiten und recht starken DIBs bei 442.9 nm (Ball et al., 2000) und 545 nm (Linnartz et al., 2010). Allerdings konnten die für diese Banden im Laborexperiment verantwortlichen Spezies nicht näher identifiziert werden, weshalb auch nicht überprüft werden kann, ob eventuell andere Absorptionen dieser Moleküle überhaupt im DIB-Spektrum beobachtet werden. Bekannt ist lediglich, dass es sich um flüchtige Radikale handelt, die nur aus den Elementen C und H aufgebaut sind. Im Falle der $\lambda 4429$ DIB ist zudem die im Labor gemessene Bandenbreite dramatisch höher, was durch unterschiedliche Rotationstemperaturen erklärt wurde.

Aufgrund der inzwischen recht umfangreichen Laborspektrensammlung potenziell im All vorkommender Moleküle werden einige astronomische Beobachtungen mittlerweile nach der Suche neuer DIBs geleitet, um eben jene Spezies im interstellaren Medium nachzuweisen. Beispielsweise haben Krełowski et al. (2010) scheinbar zwei neue, extrem schwache und breite DIBs bei 506.9 und 600.1 nm gefunden. Zugeordnet wurden diese Banden den Radikalen HC_4H^+ und HC_6H^+. Diese Zuordnung stellte sich jedoch kurz darauf als fehlerhaft heraus (Rice et al., 2010; Maier et al., 2011). Die Kationen kleiner PAHs weisen ebenfalls sehr breite Absorptionsbanden im Sichtbaren auf. Neue und äußerst schwache DIBs wurden in Regionen mit anormaler Mikrowellenemission[2] gefunden, die möglicherweise auf das Vorhandensein von Naphthalen ($C_{10}H_8^+$; Iglesias-Groth et al., 2008) und Anthracen ($C_{14}H_{10}^+$; Iglesias-Groth et al., 2010) hindeuten. Allerdings könnten diese Banden auch zirkumstellaren Ursprungs sein. Zudem wurde weder ein Vergleich der Bandenprofile durchgeführt noch überprüft, ob die weiter im UV anzufindenden, stärkeren Absorptionsbanden der PAH-Kationen auch beobachtet werden, weshalb diese Zuordnung keinesfalls als sicher gilt. Im Falle des Anthracen-Kations ist die gefundene Bande beispielsweise wesentlich schmaler als die im Jetexperiment gemessene Bande (FWHM 47 Å; Sukhorukov et al., 2004). Andere, in der Gasphase bei ausreichend niedrigen Temperaturen vermessene PAHs scheinen indessen keine Absorptionen aufzuwei-

---

[2]PAHs werden als mögliche Verursacher der anormalen Mikrowellenemission gehandelt.

sen, die mit irgendwelchen DIBs übereinstimmen könnten, was zum Teil auch auf die begrenzte Auswahl vorhandener Labordaten für diese Moleküle zurückzuführen sein könnte. Astrophysikalisch relevante große PAHs (ab 40 C-Atome) wurden bisher noch nicht in der Gasphase spektroskopisch untersucht (mehr dazu in Abschnitt 3.1). Dementsprechend sind auch die spektralen Eigenschaften abgewandelter Formen dieser Moleküle, die stärkere Banden im relevanten sichtbaren Spektralbereich aufweisen könnten, wie etwa protonierte oder anionische PAHs sowie PAHs mit Heteroatomen, so gut wie gar nicht erschlossen.

Auch der Ursprung des interstellaren UV-*Bumps* bei 217.5 nm ist alles andere als endgültig aufgeklärt. Aufgrund der Bandenstärke muss der *Bump* durch etwas hervorgerufen werden, das überaus häufig im ISM vorkommt. Unter der Annahme eines sehr starken elektronischen Übergangs mit Oszillatorstärke $f \approx 1$ kommen aufgrund der kosmischen Häufigkeiten als elementare Bausteine nur C, N, O, Ne, Mg, Si und Fe in Frage. Fe, Si und Mg würden, bei komplettem Verbrauch, nur etwa $f \approx 0.3$ benötigen. Das Element C würde dagegen bei gleicher Oszillatorstärke nur zu etwa 8% verbraucht werden (Mathis, 1990). Da zudem Graphit eine elektronische Resonanz bei etwa 220 nm aufweist, werden seit jeher graphitähnliche Materialien als Bandenträger vorgeschlagen. Beobachtungen von Kohlenstoffsternen deuten darauf hin, dass amorpher, möglicherweise hydrierter Kohlenstoff, und nicht Graphit ins interstellare Medium injiziert wird, so dass die Bandenträger eventuell erst durch weitere Prozessierungsschritte im interstellaren Raum erzeugt werden - vielleicht sogar durch ähnliche Vorgänge, die auch die DIB-Träger hervorbringen (Mathis, 1990). Die ermittelte Albedo des interstellaren Staubs im Spektralbereich des UV-*Bumps* impliziert Bandenträger, deren Ausmaße klein gegen die Wellenlänge sind, d.h. im Nanometerbereich liegen. Da Graphit dieser Größendimensionierung in der Natur nicht vorkommt, werden in neueren Modellen realistischere Substanzen, insbesondere nanoskopische amorphe Strukturen, wie etwa Rußpartikel, als Bandenträger diskutiert. Diese können ebenfalls elektronische Resonanzen um etwa 220 nm aufweisen (z.B. Papoular et al., 1996; Menella et al., 1998; Schnaiter et al., 1998). Die variierende Breite bei gleichzeitiger Positionsstabilität des UV-*Bumps* wird jedoch häufig als größtes Problem dieser Staubmodelle angesehen. Zudem wird bei diesen Materialien mitunter mehr Kohlenstoff benötigt als in gängigen Vorstellungen für interstellaren Staub zur Verfügung steht (Gadallah et al., 2011). Lediglich auf theoretischen Berechnungen beruhend wurden auch andere Bandenträger vorgeschlagen. Dazu zählen insbesondere PAHs in verschiedenen Ladungszuständen (Malloci et al., 2004; Cecchi-Pestellini et al., 2008), stark dehydrierte PAHs (Duley & Seahra, 1998; Duley & Lazarev, 2004; Malloci et al., 2008), sowie auf Naphthalen basierende Aggregate (Beegle et al., 1997; Arnoult et al., 2000).

Die in den folgenden Kapiteln beschriebenen Untersuchungen sind u.a. durch die Suche nach den Trägern der DIBs und des UV-*Bumps* motiviert. Ziel ist die Verbesserung bestehender Vorstellungen über interstellare Moleküle und deren Beitrag zu Absorptionsphänomenen im UV-VIS-Spektralbereich. Dabei wurden vorwiegend die spektroskopischen Eigenschaften zweier, lediglich aus den Elementen Kohlenstoff und Wasserstoff aufgebauter, Molekülklassen mit experimentellen sowie theoretischen Methoden erkundet. Dies sind zum einen die in

Kapitel 3 beschriebenen PAHs, kleine, mit Wasserstoff abgesättigte Graphenbruchstücke basierend auf sp^2-hybridisiertem Kohlenstoff, und zum anderen diamantartige (sp^3) Moleküle, sogenannte Diamantoide, die in Kapitel 4 besprochen werden. Im Anhang A.1 sind zudem Untersuchungen an Kohlenstoffradikalen (Ketten und Ringe) stichpunktartig zusammengefasst. In den direkt hiernach anschließenden Abschnitten 2.1 und 2.2 werden die verwendeten Methoden und Analyseverfahren kurz erläutert, um ein besseres Verständnis der präsentierten Ergebnisse zu ermöglichen.

Kapitel 2

Experimentelle und theoretische Techniken

2.1 Gasphasenkondensation und spektroskopische Untersuchungen

2.1.1 Herstellung, Extraktion und Trennung interstellarer Staubanaloga

Nanometer und Subnanometer kleine Partikel und Moleküle aus Kohlenstoff entstehen primär in den zirkumstellaren Hüllen von kohlenstoffreichen AGB-Sternen durch Gasphasensynthese (Frenklach & Feigelson, 1989; Cherchneff et al., 1992; Allain et al., 1997; Henning & Salama, 1998). Unter anderem sind PAHs wichtige Komponenten dieses Primärstaubes, der nach dem Abstoßen der äußeren Sternhüllen im interstellaren Raum durch z.B. chemische Reaktionen oder Bestrahlungsprozesse weiter modifiziert werden kann. Weiterhin können PAHs aus Rußpartikeln hervorgehen, indem diese durch interstellare Schockwellen, ausgelöst durch Supernovae, zerstört bzw. zerkleinert werden (Tielens, 2008).

Bisher wurden alle PAHs, deren Absorptionsspektren gemessen und mit astronomischen Beobachtungen verglichen wurden, im Wesentlichen mittels *nass*chemischer Verfahren hergestellt. Da nach wie vor kein einziger DIB-Träger zweifelsfrei identifiziert werden konnte, ist es erforderlich, andere Techniken der Molekülsynthese zu erschließen, die sich besser eignen, um astrophysikalische Kondensationsbedingungen zu simulieren. PAHs als Verursacher der aromatischen Emissionsbanden im Infraroten sind aus ungefähr fünfzig (oder mehr) C-Atomen aufgebaut (siehe z.B. Allamandola et al., 1989; Tielens, 2008). Laboruntersuchungen im astrophysikalischen Kontext an derart großen Molekülen beschränken sich auf einige wenige, für den Chemiker einfach herzustellende, oft hochsymmetrische Strukturen mit (bisher) maximal 48 C Atomen (siehe z.B. Ruiterkamp et al., 2002; Rouillé et al., 2009). Um in den relevanten Größenbereich vorzustoßen, bieten sich Herstellungsprozesse an, die u.a. in Laborexperimenten zur Rußkondensation Verwendung finden und bei denen neben den eigentlichen Rußpar-

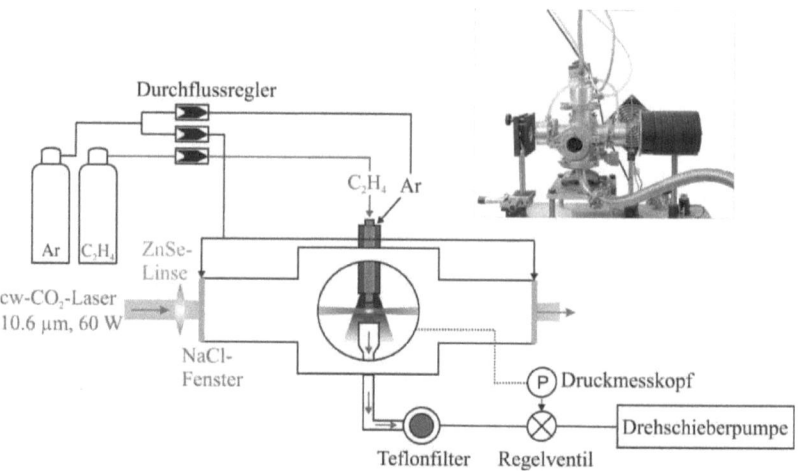

Abbildung 2.1: Schematische Darstellung der verwendeten Apparatur für die Laserpyrolyse.

tikeln lösliche Komponenten wie PAHs und Fullerene entstehen. Die meisten Studien über Kondensationsprozesse von Rußpartikeln und großen PAHs wurden mit Hilfe brennstoffreicher Flammen auf Kohlenwasserstoffbasis durchgeführt (Burtscher, 1992; Helden et al., 1993; Dobbins et al., 1998; Homann, 1998; Weilmuenster et al., 1999; Öktem et al., 2005; Bockhorn et al., 2009). Ein Nachteil dieser Methoden besteht darin, dass in solchen Flammen verschiedene Temperaturzonen vorherrschen, in denen unterschiedliche chemische Prozesse stattfinden können. Bei Temperaturen unterhalb von 1800 K in der Kondensationszone und Drücken kleiner als 1 bar enthält der *lösliche* Rußextrakt hauptsächlich PAHs bestehend aus 3–5 Benzolringen (Jäger et al., 2007, 2009), während bei höheren Temperaturen der Fullerenanteil (1800–2500 K; Pope & Howard, 1996) bzw. der Anteil polyinbasierter Komponenten (> 2500 K) zunimmt. Die nicht löslichen Komponenten sind gewöhnlich größere Cluster und Rußpartikel, die durch Aggregation der molekularen Komponenten gebildet werden. In Abhängigkeit von den Prozessbedingungen können zudem auch alkylierte und hydrierte PAHs entstehen - also den vorherrschenden Bedingungen (Temperaturen) entsprechend stabile Spezies, die nur schwer durch andere Verfahren gewonnen werden können.

Laserpyrolyse

Zur Herstellung eigener Rußproben und PAH-Mischungen wurde der in Abb. 2.1 schematisch dargestellte Aufbau verwendet. Statt eine herkömmliche Gasflamme für die Gasphasenkondensation zu verwenden, wurde auf eine Methode zurückgegriffen, die ohne den (die Verbrennung treibenden) Sauerstoff auskommt. Mittels Laserpyrolyse werden dabei die Prozessgase in einem evakuierbaren Flussreaktor thermisch zersetzt. Die freiwerdenden Kohlenstoff- bzw. Kohlenwasserstoffradikale bilden in der heißen Kondensationszone neue Moleküle und Cluster, die den Reaktor verlassen und anschließend in einem speziellen PTFE-Filter (Sartorius Stedim Biotech) gesammelt werden können. Als Prozessgas kam hier ausschließlich Ethen (C_2H_4; ~ 40 ml min^{-1}) zum Einsatz, das durch ein 2 mm dünnes Rohr in den Reaktor gelangte. Dort wurde es durch Absorption der IR-Strahlung eines cw-CO_2 Lasers (10.6 μm, 60 W) in hochangeregte Vibrationszustände überführt, die letztendlich die Dissoziation des Gases zur Folge hatten. Eine ZnSe-Linse fokussierte die Laserstrahlung auf einen Strahldurchmesser von etwa 3 mm unterhalb der Austrittsöffnung des Prozessgases. Um die Kondensationszone räumlich einzuengen und den Druck in der Kammer zu regulieren, wurde zusätzlich Ar (~ 2500 ml min^{-1}) durch ein konzentrisch um die C_2H_4-Leitung angebrachtes Rohr in das System geleitet. Weiterhin wurden die Ein- und Austrittsfenster für die Laserstrahlung (aus NaCl) kontinuierlich mit Ar (200 ml min^{-1}) gespült, um diese einerseits zu kühlen sowie andererseits eine Verschmutzung durch Reaktionsprodukte zu vermeiden. Die Gasflüsse wurden über Massenflussregler (angesteuert und kontrolliert über ein hierfür geschriebenes Labview-Programm), der Druck in der Kammer durch ein vor der Drehschieberpumpe angebrachtes Ventil reguliert. Für stabile Kondensationsbedinungen wurde typischerweise der Druck auf einen Bereich von 500–1000 mbar eingeschränkt. Die Temperatur in der Kondensationszone konnte durch Messen des Emissionsspektrums mit Hilfe eines kommerziellen Spektrometers (Ocean Optics) und Anfitten an die modifizierte Planckfunktion

$$I(\lambda) \propto \frac{\varepsilon(\lambda)}{\lambda^5 (\exp\frac{hc}{\lambda k_B T} - 1)} \qquad (2.1)$$

bestimmt werden. Dabei wurde die Näherung verwendet, dass das Emissionsvermögen $\varepsilon(\lambda)$ ungefähr gleich dem Absorptionskoeffizienten $\alpha(\lambda)$ ist, der aus Transmissionsmessungen des gesammelten Pyrolysekondensats hervorging. Daraus resultierende Ungenauigkeiten in Kombination mit räumlichen Temperaturvariationen der Kondensationszone ergaben einen Temperaturbereich von 1200–1500 K. Ein Vorteil der Laserpyrolyse gegenüber der Verbrennung von Kohlenwasserstoffen in Flammen liegt in den besser kontrollierbaren Prozessbedingungen. Der im Vergleich zu den Flammen scharfe Temperaturgradient am Rande der Kondensationszone definiert einen engen räumlichen Bereich, in dem annähernd konstante Temperaturen vorliegen.

Wie auch bei der Staubkondensation in äußeren Sternhüllen findet bei der Laserpyrolyse eine homogene Keimbildung statt. Der in den kohlenstoffreichen Sternen vorhandene, wahrscheinliche Präkursor Ethin (C_2H_2) kam in den Versuchen jedoch nicht zum Einsatz, da die Absorption der Laserstrahlung durch dieses Molekül allein nicht ausreicht, um eine Pyrolyseflamme zu erzeugen. Auf die Struktur der Kondensate und deren Zusammensetzung hat der Ausgangsstoff ohnehin nur einen geringen Einfluss - der entscheidende Faktor ist die Temperatur während der Kondensation. Lediglich auf das Massenverhältnis von Rußpartikeln zu löslichen molekularen Komponenten kann sich die Wahl des Präkursors in sehr geringem Maße auswirken (Jäger et al., 2007). In den Kondensationszonen von AGB-Sternen können, je nach Entfernung zum Stern, unterschiedliche Bedingungen herrschen. Rechnungen ergaben Drücke im Bereich $10^{-5} - 3$ mbar (Lodders & Fegley, 1999; Lederer et al., 2006). Kondensationsexperimente im Labor müssen bei höheren Drücken durchgeführt werden, da zum einen die mittlere freie Weglänge der zu reagierenden Radikale unterhalb der Dimensionierung der Apparatur liegen muss und zum anderen die Kondensation innerhalb kürzerer Zeitskalen stattfinden sollte. Da im Laborexperiment Kühlgase eingesetzt werden, lässt sich der Absolutdruck nicht mit dem Druck in den Atmosphären staubbildender AGB-Sterne vergleichen. Im Idealfall resultiert daraus jedoch kein wesentlicher Unterschied für die Kondensate (Jäger et al., 2009).

Extraktion und Komponentenanalyse der molekularen Bestandteile

Das im PTFE-Filter gesammelte Kondensat aus der Laserpyrolyse wurde anschließend mit Hilfe der Lösungsmittel Methanol bzw. Dichlormethan (DCM) extrahiert. Die molekulare Zusammensetzung des Extrakts ist von der Fähigkeit der Moleküle, in Lösung zu gehen, abhängig. Die Löslichkeit von PAHs variiert mit der Größe und Struktur des Moleküls sowie dem verwendeten Lösungsmittel. Speziell für größere PAHs ist DCM besser geeignet als Methanol oder gar Wasser. Die Komponentenanalyse der Extrakte wurde standardmäßig mittels HPLC (Hochleistungsflüssigkeitschromatographie) durchgeführt. Die zu untersuchende Substanz wird dabei zusammen mit dem Lösungsmittel, dem Eluent, durch eine Trennsäule geschickt. Die Wechselwirkungszeit mit der stationären Phase der Säule variiert für die verschiedenen Komponenten des Extrakts, was zu unterschiedlichen Retentionszeiten am Detektor führt. Die einzelnen Komponenten können dann anhand ihrer Laufzeiten und ihres charakteristischen Absorptionsspektrums, das mit Hilfe eines Diodenarray-Detektors aufgenommen wurde, analysiert werden. Eine Identifikation (und Quantifizierung) ist im Allgemeinen nur für Substanzen mit bekannten Lösungsmittelspektren möglich.

In begrenztem Maße kann mittels HPLC eine Größenselektion der PAH-Gemische vorgenommen werden, indem die Moleküle verschiedener Retentionszeitfenster gesammelt werden. Die Trennung der PAHs mittels HPLC ist, genauso wie die Laserpyrolyse, sehr zeitaufwendig. Um verwertbare Substanzmengen für die hier durchgeführten Experimente zu erhalten, sind in beiden Fällen Betriebszeiten von mehreren Tagen in Kauf zu nehmen. Details zur strukturellen Zusammensetzung der gewonnenen Proben aus der Laserpyrolyse sowie daran durchgeführte spektroskopische Untersuchungen werden in Kapitel 3 besprochen.

2.1.2 Matrixisolationsspektroskopie und FUV-Bestrahlung

In der Molekülphysik sowie der Chemie besteht ein grundsätzliches Interesse an der Erforschung der geometrischen und elektronischen Struktur von Molekülen und Clustern. Durch Messen der charakteristischen Abschwächung von Licht in Abhängigkeit von der Wellenlänge kann die Konfiguration der Atome und Elektronen untersucht werden. Absorptionsspektroskopie im sichtbaren und ultravioletten Spektralbereich wird im Allgemeinen benutzt, um die elektronische Struktur aufzuklären. Informationen über das Kerngerüst und dessen Vibrationen erhält man durch Analyse IR-aktiver Banden. Oft möchte man voneinander isolierte

Spezies untersuchen, um intermolekulare Wechselwirkungen zu vermeiden. Das ist z.B. wichtig, wenn es darum geht, Laborspektren mit Absorptions- oder Emissionsbanden astrophysikalischer Objekte zu vergleichen. Im interstellaren Raum besteht die Materie, abgesehen von atomarem Gas, aus frei fliegenden Molekülen und Clustern, die häufig bei sehr tiefen Temperaturen vorliegen und die aufgrund der geringen Dichten kaum miteinander wechselwirken. Gewöhnlich führen molekulare Wechselwirkungen zu Verbreiterungen und Rotverschiebungen charakteristischer Banden, was im Weiteren auch die Interpretation von Spektren erschwert, da Übergänge zwischen verschiedenen elektronischen oder vibronischen Zuständen zum Überlappen tendieren. Am einfachsten erreicht man eine Separation, indem die Moleküle in einer geeigneten Flüssigkeit gelöst werden. Jedoch treten, bedingt durch die Wechselwirkung mit den häufig polaren oder stark polarisierbaren Lösungsmittelmolekülen, immer noch Rötungs- und Verbreiterungseffekte auf. Auch lassen sich auf diese Weise im Allgemeinen keine reaktiven Spezies, wie Radikale oder Ionen, untersuchen.

MIS

Zur Überwindung der zuvor genannten Probleme können die zu untersuchenden Spezies in eine kryogene Matrix aus Edelgasatomen eingefroren werden, was als Matrixisolationsspektroskopie (MIS) bezeichnet wird. Der in dieser Arbeit größtenteils verwendete Aufbau für die MIS ist in Abb. 2.2 schematisch dargestellt. Dabei ist im Inneren einer Vakuumkammer in einem Probenhalter am Ende der zweiten Stufe eines Kryostaten ein transparentes Fenster angebracht - gewöhnlich CaF_2 für UV-VIS- bzw. KBr für IR-Messungen. Der Kryostat ist mit einem He-Kompressor verbunden und kühlt das Fenster auf Temperaturen unter 7 K. Zusammen mit einem Überschuss an Edelgasatomen kondensieren die untersuchten Moleküle, die zuvor auf geeignete Weise in die Gasphase gebracht wurden, auf dem Fenster. Als Edelgase wurden ausschließlich Ar (Linde 99.9996%, Air Liquide 99.999%) oder Ne (Linde 99.995%) verwendet, da beide eine hohe Transparenz bis weit in den UV-Bereich sowie eine geringe Polarisierbarkeit aufweisen und sie dadurch nur gering mit den zu untersuchenden Molekülen wechselwirken. Lediglich die Polarisierbarkeit von He wäre noch geringer. Dieses kann aber nur in Form einer Flüssigmatrix (*liquid helium droplets*) verwendet werden. Die Geschwindigkeit, mit der die Matrix aufdampft, wurde anhand des typischen Interferenzmusters ermittelt, das für hinreichend dünne Schichten die Transmission bestimmt und dem eines Etalons entspricht. Diese Methode wird in Kapitel 4 Anwendung finden und dort etwas ausführlicher erläutert. Die Säulendichte der Moleküle kann gewöhnlich anhand der Bandenstärke ermittelt werden. Das für eine ausreichend gute Isolation benötigte Verhältnis der Anzahl der Moleküle zur Anzahl der Edelgasatome hängt u.a. von der Größe der Moleküle ab und lag hier im Bereich 1:300 ($C_{10}H_{16}$; Abschnitt 4.2.2) bis 1:30000 ($C_{42}H_{18}$; Abschnitt 3.4.4). Nach Abschluss der Matrixpräparation kann das transparente Fenster durch Rotation in die Blickrichtung für transmissionsspektroskopische Messungen gebracht werden. Für Wellenlängen im Sichtbaren und UV ($\lambda > 190$ nm) wurde ein Spektrophotometer (JASCO V-670 EX), für IR-Messungen ein Fourier-Transform-Spektrometer (Bruker 113v) verwendet. Licht der entsprechenden Wellenlängen wurde mittels optischer Fasern und zweier Kollimationslinsen (UV-VIS) bzw. IR-optischer Spiegel durch das transparente Fenster mit der aufgedampften Matrix geführt. Für VUV-Messungen wurde zudem noch ein weiteres Spektrophotometer eingesetzt (Hersteller: Laserzentrum Hannover), mit dem die Absorptionseigenschaften dünner Filme bis etwa 120 nm gemessen werden konnten.

Verdampfung der zu untersuchenden Substanzen

In dieser Arbeit wurden u.a. Moleküle untersucht, die bei Normalbedingungen als Feststoffe vorliegen und dementsprechend vor dem Einbetten in die Matrix verdampft werden müssen. Zwei verschiedene Verdampfungsmethoden wurden angewandt. Zum einen wurde ein kleiner Ofen verwendet, um die Substanzen auf maximal 680 K aufzuheizen (Abb. 2.2). Die dabei sublimierenden Spezies konnten durch eine kleine Öffnung ($\varnothing$ 1 mm) in Richtung des kryogen gekühlten Substrates entweichen. Ein Wärmeschild aus Cu, der mit der ersten Stufe des Kryostaten (T = 70 K) in Kontakt stand, wurde eingesetzt, um eine frühzeitige Abscheidung während der Aufheizphase zu vermeiden. Im Falle von sehr flüchtigen Substanzen (wie z.B. in Kapitel 4), wurde statt des dargestellten Ofens ein einfaches, an einer Seite geschlossenes und von der Vakuumkammer durch ein Ventil getrenntes Cu-Rohr verwendet. Je nach Dampfdruck der untersuchten Spezies wurde dieser Ersatzofen z.B. mit Kältemischungen gekühlt oder bis max. 400 K erwärmt.

Eine Verdampfung im Ofen sollte nicht mehr bei Molekülen mit niedrigem Dampfdruck, z.B. großen PAHs, angewandt werden, da sie in stärkerem Maße thermisch zersetzt werden. Bei Molekülmischungen können zudem Probleme dadurch entstehen, dass die verschiedenen Spezies der Mischung unterschiedliche Dampfdrücke aufweisen und somit die Molekülverteilung in der Matrix nicht mehr der Verteilung in der Originalprobe entspricht (siehe Kapitel 3). Um diese Schwierigkeiten zu umgehen, wurden entsprechende Proben mittels Laserverdampfung (Nd:YAG, 532 nm, 10 Hz) in die Gasphase gebracht. Der schematische Aufbau für diese Experimente ist in Abb. 2.3 zu sehen. Der Wärmeeintrag dauert, im Gegensatz zur thermischen Verdampfung, bei der Laserverdampfung nur einige Nanosekunden[1] und ist lokal begrenzt. Einige der untersuchten PAH-Mischungen aus Abschnitt 3.3.3 wurden auf diese Weise in die Gasphase überführt. Die Proben wurden dabei mit Hilfe von Lösungsmitteln auf ein transparentes Fenster gebracht und von diesem dann mit geringer Laserintensität ($\approx$ 1 W cm^{-2}) verdampft. Des Weiteren wurden die (im Anhang A.1 besprochenen) Kohlenstoffradikale im Plasma eines verdampfenden Graphittargets ($\approx$ 10 W cm^{-2}) erzeugt, um anschließend in die Matrix eingebaut zu werden.

FUV-Bestrahlung

Die mit den neutralen Molekülen dotierte Matrix kann anschließend weiterbehandelt werden. Um Effekte durch interstellare FUV-Bestrahlungsprozesse zu simulieren, wurde die Emission

---

[1] Dies entspricht der Pulslänge des Lasers. Die Wärme verbleibt in der Probe für einige μs. Während dieser Zeit kann eine Verdampfung stattfinden.

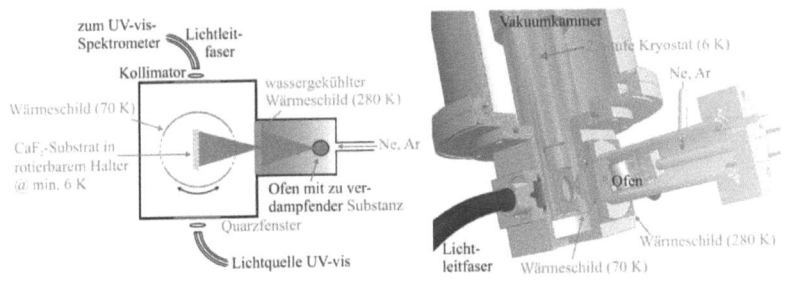

Abbildung 2.2: Aufbau für die Matrixisolationsspektroskopie mit thermischer Verdampfung.

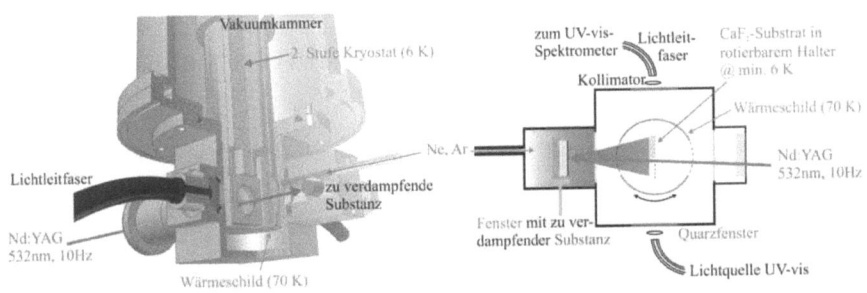

Abbildung 2.3: Aufbau für die Matrixisolationsspektroskopie mit Laserverdampfung.

einer mikrowellengetriebenen Wasserstoffentladungslampe verwendet, mit der z.B. ionisierte Spezies erzeugt werden können. Zu beachten ist, dass im Gegensatz zum kontinuierlichen Spektrum des interstellaren UV-Feldes (siehe z.B. Allain et al., 1996) derartige Lampen diskrete Emissionsbanden aufweisen. Eine erste Beschreibung einer solchen Quelle für hochenergetische Photonen erfolgte durch Warneck (1962). Bei der in Abb. 2.4 gezeigten Lampe kam als Füllgas eine Mischung aus 10% H_2 und 90% Ar bei einem Druck von 0.5–0.6 mbar zum Einsatz. Die Lampe wurde beständig von frischem Gas durchflossen. Die elektronische Anregung der Gasmischung erfolgte mit Hilfe einer Evenson-Kavität, mit der die abgegebene Leistung eines Mikrowellengenerators (75–100 W, 2.45 GHz) einkoppelt wurde. Weitere technische Details zur verwendeten FUV-Lampe sind in der Diplomarbeit von J. Kleef (1997) zu finden. Mit Hilfe des beigesetzten Edelgases Ar, dessen Emissionslinien bei 106.7 nm (11.6 eV) und 104.8 nm (11.8 eV) liegen, können die breiten, molekularen Emissionsbanden des Wasserstoffs bei 160 nm unterdrückt werden, wodurch bevorzugt die höherenergetischen Lyα-Photonen (121.6 nm, 10.2 eV) emittiert werden. Lampe und MIS-Kammer werden durch ein LiF-Fenster voneinander getrennt, dessen Transmission im Verlauf längerer Bestrahlungsperioden infolge von Farbzentrenbilung leicht abnimmt, durch Ausheilen bei etwa 770 K aber wieder hergestellt werden kann. Der emittierte Photonenfluss (10^{13} – 10^{14} Photonen s^{-1}) wur-

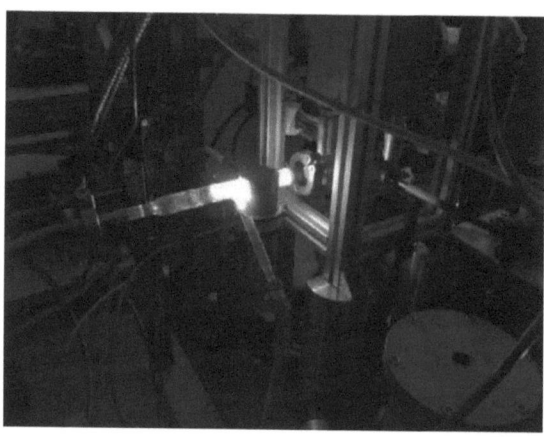

Abbildung 2.4: Verwendete H_2-Entladungslampe für die FUV-Bestrahlung.

de durch Messen des von einem Pt-Plättchens ausgehenden Photostromes ermittelt, das der Strahlung der Lampe ausgesetzt wurde. Während der Experimente betrug die Intensität auf der Probenoberfläche typischerweise $10^{15} - 10^{16}$ Photonen m^{-2} s^{-1}.

Wechselwirkungseffekte in der Matrix

Kommen die zu untersuchenden Moleküle in Kontakt mit Molekülen oder Atomen, die als Lösungsmittel bzw. als feste Matrix dienen, so beeinflusst diese Wechselwirkung die gemessenen Spektren. Gegenüber dem Idealfall des freien Moleküls erscheinen die Banden verbreitert und sind gewöhnlich rotverschoben. Die Verschiebung der Absorptionsfrequenz Δv wird allgemein von der Summe aus verschiedenen Termen bestimmt, die auf die intermolekularen Abstoßungs- („rep") bzw. Anziehungskräfte („att") zurückzuführen sind

$$\Delta v = \Delta v_{\text{rep}} + (\Delta v_{\text{or}} + \Delta v_{\text{ind}} + \Delta v_{\text{disp}} + \Delta v_{\text{ind-res}})_{\text{att}} . \tag{2.2}$$

Die Anziehungskräfte werden bestimmt durch Dipol-Dipol-Orientierung („or"), induzierte-Dipol-Dipol-Wechselwirkung („ind"), London-Dispersion („disp") und einen Term, der die dynamische Wechselwirkung mit der Lichtwelle beschreibt und die Oszillatorstärke des jeweiligen elektronischen Überganges beinhaltet (*induction-resonance*, „ind-res"). Obwohl die einzelnen Terme analytisch nur schwer zu erfassen sind, existieren einige einfache semi-empirische Ansätze, die Wechselwirkungseffekte quantitativ zu beschreiben (z.B. Bakhshiev, 2001). Einsicht in funktionale Zusammenhänge im Falle der MIS lässt sich durch folgende, eher simple Vorstellung gewinnen: Durch die van-der-Waals-Wechselwirkung mit den Edelgasatomen wird der Grundzustand des zu untersuchenden Moleküls energetisch um die Wechselwirkungsenergie herabgesetzt. Die Wechselwirkungsenergie für ein neutrales nicht-polares Molekül (London-Dispersion) ist annähernd proportional zum Produkt der Polarisierbarkeiten von Molekül α_M

und Edelgasatom α_E. Befindet sich das Molekül nach Photonenabsorption im angeregten Zustand, besitzt es aufgrund der Umverteilung der Elektronendichte im Allgemeinen eine vom Grundzustand verschiedene Polarisierbarkeit α'_M. Die Verschiebung der Absorptionsfrequenz gegenüber dem freien Molekül ist dann angenähert proportional $(\alpha_M - \alpha'_M)\alpha_E = \Delta\alpha_M\alpha_E$. Gewöhnlich ist die Polarisierbarkeit im angeregten Molekülzustand höher, so dass man eine Rotverschiebung beobachtet (Shalev et al., 1991). Diese Rotverschiebung wurde bereits im vereinfachten Modell von Longuet-Higgins & Pople (1957) durch Anwendung quantenmechanischer Störungsrechnung hergeleitet

$$\Delta\nu \sim \alpha_E z \bar{R}^{-6}\left(\frac{1}{4}\mathrm{h}\nu\alpha_M + M^2\right). \tag{2.3}$$

Das Übergangsdipolmoment ist hier mit M bezeichnet, hν ist die Energie des Übergangs. Jedes Molekül ist dabei von z Edelgasatomen im mittleren Abstand $\bar{R}$ umgeben. Bei Molekülen mit permanentem Dipolmoment μ_M spielt auch dessen Änderung eine Rolle (induzierte-Dipol-Dipol-WW): $\Delta\nu \sim (\Delta\alpha_M + \Delta\mu_M)\alpha_E$. Die spektrale Verschiebung einer speziellen elektronischen Bande ist angenähert proportional zur Polarisierbarkeit der Matrixatome, wodurch bei Kenntnis der Bandenposition in verschiedenen Matrizen die Absorptionsfrequenz des freien Moleküls extrapoliert werden kann. Gewöhnlich weisen Banden mit hoher Oszillatorstärke eine stärkere Verschiebung auf als schwache Banden, was unmittelbar anhand Formel 2.3 einzusehen ist.

Die Wechselwirkung der zu untersuchenden Moleküle mit den Matrixatomen bewirkt des Weiteren eine Bandenverbreiterung durch die folgenden zwei Effekte:

- Die Moleküle können in der Edelgasmatrix (gewöhnlich kubisch dicht gepackte Kristallgitter für Edelgase) unterschiedliche Positionen einnehmen (siehe z.B. Biktchantaev et al., 2002), d. h. es gibt verschiedene Möglichkeiten für die Anordnung der Edelgasatome um das Molekül. Aufgrund der Größe der hier untersuchten Moleküle (PAHs und Diamantoide) im Vergleich zu den Edelgasatomen gibt es gewöhnlich eine Vielzahl struktureller Isomere, deren Absorptionsbanden überlappen und eine inhomogene Linienverbreiterung bewirken. Dieser Effekt ist hauptsächlich für die Verbreiterung verantwortlich. Er wird z.B. bei der *site-selected*-Fluoreszenzspektroskopie (MacDonald et al., 1988) ausgenutzt, um durch schmalbandige Laseranregung gezielt nur die Moleküle mit gleichen Gitterpositionen anzuregen, was sehr schmale Fluoreszenzbanden zur Folge hat.

- Die schwache van-der-Waals-Bindung an die Edelgasatome ermöglicht eine Vielzahl niederenergetischer Schwingungen, die wiederum jede elektronische Absorptionsbande des Moleküls verbreitern. Dieser Effekt kann in Analogie zur Druckverbreiterung in Gasen verstanden werden und spielt aufgrund der niedrigen Temperaturen eher eine untergeordnete Rolle, was u.a. daran erkennbar ist, dass Matrixspektren praktisch kaum temperaturabhängig sind. (Dies gilt zumindest für Temperaturen, bei denen das Edelgas nicht verdampft und keine Diffusion der zu untersuchenden Moleküle durch die Matrix auftritt.)

Gewöhnlich ist eine stärkere Bandenverbreiterung zu beobachten, wenn als Matrixmaterial Ar statt Ne verwendet wird. Ebenso ist die spektrale Verschiebung, infolge größer werdender Polarisierbarkeit, bei den größeren Edelgasatomen stärker ausgeprägt.

Vor- und Nachteile der MIS

Mit der MIS können über einen großen Wellenlängenbereich spektroskopische Studien durchgeführt werden. Zudem können Spezies untersucht werden, deren Dampfdrücke zu gering oder deren Absorptionsbanden zu schwach sind, um Messungen in der Gasphase zu erlauben, da die Säulendichte beliebig wählbar ist. Dabei können zeitaufwendige Scans, z.b. über große Wellenlängenbereiche, durchgeführt werden ohne viel Material zu verschwenden. Dies ist besonders wichtig, da viele der hier untersuchten Substanzen nur in geringen Mengen zur Verfügung standen. Weil die Matrix vor der Spektrenerfassung präpariert wird, entstehen keine Probleme durch ungleichmäßige Verdampfung, was folglich die Umsetzung der Laserverdampfung technisch einfach macht. Abgesehen von sehr kleinen Radikalen, wie z.b. OH, rotieren die Moleküle in der Matrix nicht. Durch die kryogenen Temperaturen sind lediglich die untersten Energiezustände bevölkert. In Hinblick auf die Zuordnung astrophysikalischer Banden sind die daraus resultierenden Spektren typisch für kalte Moleküle und vergleichsweise einfach zu interpretieren, wodurch sie u.a. auch mit theoretischen Rechnungen verglichen werden können, um z.b. quantenmechanische Modelle zu testen. Die Isolation der Spezies voneinander resultiert in Spektren, die nicht durch intermolekulare Wechselwirkungen gestört sind. Andererseits bewirkt die Wechselwirkung mit den Matrixatomen nach wie vor leichte Bandenverbreiterungen und Rotverschiebungen. Das bedeutet, dass MIS-Spektren nicht direkt mit interstellaren Banden verglichen werden können, um deren Ursprung aufzuklären. Jedoch können die Bandenpositionen von Gasphasenmolekülen mit relativ hoher Genauigkeit durch Extrapolation ermittelt werden, indem die entsprechenden Bandenpositionen in unterschiedlichen Matrizen (z.B. Ar, Ne) gemessen und anschließend als Funktion der Polarisierbarkeit der Matrixatome aufgetragen werden. Beispiele für Spektren matrixisolierter Moleküle und Radikale lassen sich ausgiebig in den folgenden Kapiteln finden.

2.2 Theoretische Molekülspektren

Die in diesem Abschnitt dargestellten Konzepte zur quantenmechanischen Behandlung von mehratomigen Molekülen sind diversen Abhandlungen zur Molekülphysik entnommen und können für ein besseres Verständnis darin nachvollzogen bzw. vertieft werden (Herzberg, 1966; Harris & Bertolucci, 1989; Foresman & Frisch, 1996; Demtröder, 2003).

2.2.1 Elektronische und vibronische Zustände von Molekülen

Ohne äußere Störung wird ein Molekül im Grundzustand mit K Kernen der Massen M_k und Ladungen $Z_k \times e$ sowie N Elektronen nichtrelativistisch durch die zeitunabhängige Schrödingergleichung

$$\hat{H}\Psi = E\Psi \quad \text{mit} \quad \hat{H} = \hat{T}_e + \hat{T}_K + \hat{V} = -\frac{\hbar^2}{2m}\sum_{i=1}^{N}\nabla_i^2 - \frac{\hbar^2}{2}\sum_{k=1}^{K}\frac{1}{M_k}\nabla_k^2 + V(\boldsymbol{r},\boldsymbol{R}) \quad (2.4)$$

beschrieben. Der Hamiltonoperator $\hat{H}$ setzt sich zusammen aus der kinetischen Energie der Elektronen $\hat{T}_e$ und Kerne $\hat{T}_K$ sowie der potentiellen Energie $\hat{V}$

$$V(\boldsymbol{r},\boldsymbol{R}) = V_{KK} + V_{Ke} + V_{ee}$$

$$= \frac{e^2}{4\pi\varepsilon_0}\left[\sum_{k>k'}\sum_{k'=1}^{K}\frac{Z_k Z_{k'}}{|\boldsymbol{R}_k - \boldsymbol{R}_{k'}|} - \sum_{k=1}^{K}\sum_{i=1}^{N}\frac{Z_k}{|\boldsymbol{r}_i - \boldsymbol{R}_k|} + \sum_{i>i'}\sum_{i'=1}^{N}\frac{1}{|\boldsymbol{r}_i - \boldsymbol{r}_{i'}|}\right], \quad (2.5)$$

die aus der Coulomb-Abstoßung V_{KK}, die zwischen den Kernen herrscht, der gegenseitigen Anziehung der Elektronen und Kerne V_{Ke} sowie der Elektronenabstoßung V_{ee} besteht. Für Systeme aus mehreren Kernen und Elektronen ist die Schrödingergleichung in obiger Form viel zu kompliziert und selbst numerisch nicht handhabbar. Als erste Approximation, die generell quantitativen Überlegungen in der Molekülphysik zugrunde liegt, wird daher die Born-Oppenheimer-Näherung (BO-Näherung) eingeführt, nach der die Bewegungen der Kerne und Elektronen getrennt voneinander behandelt werden. Aufgrund der erheblich kleineren Masse der Elektronen passen sich diese quasi instantan an die jeweilige Kernkonfiguration an. Die Wellenfunktion Ψ wird als Produkt aus elektronischer Wellenfunktion $\phi_n^{el}(\boldsymbol{r})$ und Kernwellenfunktion $\chi_{n,i}(\boldsymbol{R})$ für den Energiezustand i des Kerngerüstes im n-ten elektronischen Zustand aufgefasst

$$\Psi_{n,i}(\boldsymbol{r},\boldsymbol{R}) = \phi_n^{el}(\boldsymbol{r})\chi_{n,i}(\boldsymbol{R}). \quad (2.6)$$

Dadurch resultieren aus 2.4 die zwei entkoppelten Gleichungen

$$\hat{H}_0\phi_n^{el}(\boldsymbol{r}) = E_n^{(0)}\phi_n^{el}(\boldsymbol{r}) \quad \text{und} \quad (\hat{T}_K + E_n^0)\chi_{n,i}(\boldsymbol{R}) = E_{n,i}\chi_{n,i}(\boldsymbol{R}). \quad (2.7)$$

Die elektronischen Wellenfunktionen $\phi_n^{el}(\boldsymbol{r})$ hängen nur parametrisch von der jeweiligen Kernkonfiguration $\boldsymbol{R}$ ab. Erst wenn die BO-Näherung gültig ist, lässt sich streng genommen von elektronischen Zuständen mit definierten Energieniveaus (Molekülorbitale) reden. Lösungen dieser Näherung vernachlässigen jede Wechselwirkung zwischen Elektronen- und Kernbewegung, was im Rahmen einer Störungsrechnung behandelt werden kann. Vibronische Kopplungen, aber auch andere Störungen, wie z.B. Spin-Bahn-Kopplung und Jahn-Teller-Effekt, werden später an geeigneter Stelle anhand gemessener Spektren diskutiert.

In der BO-Näherung wird die elektronische Energie $E_n^{el}(\boldsymbol{R})$ aufgefasst als potentielle Energie, die als Hyperfläche im Raum der Kernkoordinaten $\boldsymbol{R}$ darstellbar ist. In diesem Potenzial läuft die Kernbewegung ab und es bestimmt die zur Verfügung stehenden Schwingungsniveaus. Eine schematische Darstellung der potenziellen Energie für eine einzelne Koordinate R bzw. ein zweiatomiges Molekül ist in Abb. 2.5 zu sehen. Die gezeigten Potenzialkurven $E_n^{el}(R)$ repräsentieren bindende Molekülorbitale, da sie ein Minimum besitzen. Die Tiefe des Potenzialminimums gibt (unter Vernachlässigung der vibronischen Nullpunktsenergie) die Dissoziationsenergie an. Ohne äußere Einflüsse ist die Gesamtenergie des Moleküls im elektronischen Zustand Ψ_n konstant, also unabhängig vom Kernabstand. Der Kernabstand R_e, bei

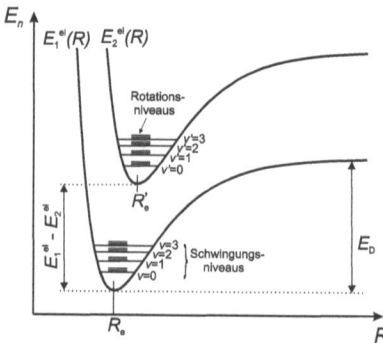

Abbildung 2.5: Schematische Darstellung der Energieniveaus eines zweiatomigen Moleküls.

dem das Potenzialminimum liegt, ist der Gleichgewichtsabstand. Um diese Gleichgewichtslage kann das Molekül Schwingungen ausführen (genau genommen verschiebt die Anharmonizität die Gleichgewichtslage noch zu geringfügig größeren Abständen). Die vibronischen Zustände werden durch die Schwingungsquantenzahl v charakterisiert. Weiterhin kann das Molekül rotieren - vorausgesetzt es befindet sich in einer Umgebung, die das zulässt. Bei tiefen Temperaturen ($kT \ll \hbar\omega$) ist vorwiegend der vibronische Grundzustand ($v = 0$) besetzt. Im Grundzustand und bei niedrigen Vibrationsanregungen kann das Potenzial häufig durch das des harmonischen Oszillators mit der Frequenz ω angenähert werden, dessen Nullpunktsenergie $\frac{1}{2}\hbar\omega$ beträgt. Der Energieabstand zwischen zwei vibronischen Niveaus $\hbar\omega$ ist in diesem Fall unabhängig von der Schwingungsquantenzahl v. Anharmonizität spielt bei hoch angeregten vibronischen Zuständen eine Rolle (z.B. bei der PAH-Emission im Infraroten) und kann sich durch Rotverschiebungen sowie asymmetrische Bandenprofile bemerkbar machen.

2.2.2 Übergänge zwischen Molekülzuständen

Durch Absorption elektromagnetischer Strahlung kann das Molekül aus dem Grundzustand heraus angeregt werden. Mikrowellenstrahlung bewirkt im Allgemeinen Rotationsübergänge, IR-Strahlung Vibrationsübergänge und NIR-, UV-VIS- oder VUV-Strahlung Übergänge zwischen verschiedenen elektronischen Niveaus. Rein elektronische Übergänge zwischen E_1 ($v=0$) und E_2 ($v'=0$) in Abb. 2.5 sind vertikal, d.h. die Kernkonfiguration im angeregten Zustand unmittelbar nach Absorption eines Photons entspricht der im Grundzustand - der elektronisch angeregte Zustand ist noch nicht relaxiert. Dadurch ist die Absorptionswellenlänge im Allgemeinen etwas kleiner als die Wellenlänge, die dem adiabatischen Energieabstand zwischen Grund- und angeregtem Zustand entspricht. Entsprechend kann die Emissionswellenlänge etwas größer sein. Im Folgenden werden die möglichen molekularen Übergänge sowie Auswahlregeln für die Absorption bzw. Emission eines Photons kurz erläutert.

Rotationsübergänge

Der Operator für die kinetische Energie der Kerne $\hat{T}_K$ in Gleichung 2.7 enthält die Schwerpunktsbewegung des Moleküls, die Schwingungsenergie, die Rotation des Moleküls und einen

Term, der die Wechselwirkung von Schwingung und Rotation beschreibt (Coriolis-Wechselwirkung). Die Termwerte und die Auswahlregeln für die Rotation werden durch die Form des Moleküls bestimmt, welches linear, ein symmetrischer oder ein asymmetrischer Kreisel sein kann. Die Termwerte sind quantisiert und können durch diverse Rotationskonstanten beschrieben werden. Zu beachtende Effekte sind Zentrifugalaufweitung (Kernabstand wird größer für hohe Rotationsanregung) und Rotations-Schwingungs-Wechselwirkung (falls das Molekül gleichzeitig schwingt und rotiert). Auf genauere Details wird im Moment verzichtet, weil zum einen bei der MIS die Moleküle im Regelfall nicht rotieren können und zum anderen, abgesehen von den C-Radikalen in Anhang A.1, selbst in der Gasphase mittels Laserspektroskopie keine Auflösung der Rotationslinien für die untersuchten Moleküle möglich ist, da diese relativ groß und dadurch die Energieabstände für einzelne Rotationsniveaus zu klein sind. Jedoch wird die Bandenform vibronischer und elektronischer Übergänge in der Gasphase sowie der energetische Bandenschwerpunkt durch die Rotationstemperatur des Moleküls bestimmt, weil selbst bei sehr niedrigen Temperaturen (< 50 K) höhere Rotationsniveaus im Rahmen der Boltzmann-Statistik besetzt sind. Eine beispielhafte Berechnung reiner Rotationsspektren wird in Abschnitt 4.3.2 besprochen.

Vibrationsübergänge

Mehratomige Moleküle, bestehend aus N Atomen, haben im Gegensatz zum einfachen eindimensionalen Fall in Abb. 2.5 mehrere Schwingungsmoden. Für nichtlineare Moleküle bleiben nach Abzug von Rotation und Translation $3N-6$, für lineare Moleküle $3N-5$ Freiheitsgrade für Vibrationen übrig. Durch Ausnutzen von Punktgruppeneigenschaften können diese Freiheitsgrade analytisch auf Symmetriekoordinaten des jeweiligen Moleküls übertragen werden. Im günstigsten Fall entsprechen diese Symmetriekoordinaten den Schwingungsnormalmoden. Andernfalls beschreiben Linearkombinationen der Symmetriekoordinaten die Schwingungen des Moleküls, was sich nur auf numerischem Weg herausfinden lässt. Hervorzuheben ist, dass jede Molekülnormalschwingung einer der jeweiligen Punktgruppe des Moleküls entsprechenden Symmetriespezies zugeordnet werden kann. Dies hat u.a. Bedeutung für die Auswahlregeln von Vibrationsübergängen. In der Dipolnäherung sind die Intensitäten von Banden im Absorptionsspektrum proportional zum Quadrat des zugehörigen Dipolübergangsmomentes, das für Vibrationsübergänge $v \rightarrow v'$ innerhalb des gleichen elektronischen Zustands die Form

$$M_{vv'} = \int_{-\infty}^{\infty} \chi_{n,v'}^* \hat{\mu}_K \chi_{n,v} d\tau_K \qquad (2.8)$$

hat. Dabei beschreiben $\chi_{n,v}$ und $\chi_{n,v'}$ den Ausgangszustand und den angeregten Zustand, während $\hat{\mu}_K$ den Dipoloperator der Kernkoordinaten darstellt. Im einfachen eindimensionalen Fall des harmonischen Oszillators ist $M_{vv'}$ nur für $\Delta v = \pm 1$ von Null verschieden. Anharmonizität bewirkt, dass auch Übergänge $\Delta v = \pm 2, \pm 3 \ldots$ (mit im Allgemeinen geringerer Intensität) bzw. die gleichzeitige Anregung zweier verschiedener Vibrationen (Kombinationsbanden) beobachtet werden können. Anschaulich bedeutet Gleichung 2.8, dass ein Vibrationsübergang nur dann infrarotaktiv ist, wenn sich das Dipolmoment des Moleküls beim Übergang verändert. Durch Ausnutzen der Symmetrieeigenschaften von Molekülen lässt sich vorhersagen, ob $M_{vv'}$ von Null verschieden ist:

Der Übergang $v \to v'$ ist nur dann infrarotaktiv, wenn im Integranden von Gleichung 2.8 das direkte Produkt der Symmetriespezies der einzelnen Faktoren $\Gamma[\chi_{n,v'}] \times \Gamma[\hat{\mu}_K] \times \Gamma[\chi_{n,v}]$ die total symmetrische irreduzierbare Darstellung der Punktgruppe des Moleküls enthält.

Bei ausreichend tiefen Temperaturen liegen alle Vibrationen im Grundzustand vor. Die Wellenfunktion $\chi_{n,v=0}$ ist dann total symmetrisch, so dass für die fundamentalen Übergänge auf $\chi_{n,v'=1}$ nur das Produkt $\Gamma[\chi_{n,1}] \times \Gamma[\hat{\mu}_K]$ analysiert werden muss. Die Symmetriespezies der Fundamentalanregung ist dabei immer gleich der Symmetriespezies der Symmetriekoordinaten der jeweiligen Schwingung.

Im Gegensatz zu Vibrationsmoden, die größere Teile der Kernstruktur in Schwingung versetzen, kann es mehr oder weniger lokalisierte Schwingungen funktionaler Gruppen geben, die typisch für eine gewisse Molekülklasse sind. Als Beispiel sind in diesem Zusammenhang die C-H- sowie C=C-Streck- und Biegeschwingungen aromatischer Kohlenwasserstoffe zu nennen, die u.a. die Identifikation der PAHs im interstellaren Raum ermöglichen (siehe Abschnitt 3.1). Beispiele für IR-Absorptionsspektren bei tiefen Temperaturen inklusive Bandenanalyse sind in den Kapiteln 4 und A.1 zu finden.

Elektronische Übergänge

Für elektronische Übergänge kann das Übergangsdipolmoment auf die Form

$$M_{nv,n'v'} = \int \chi^*_{n',v'} \chi_{n,v} d\tau_K \int \varphi^*_{n'} \hat{\mu}_e \varphi_n d\tau_e \int \varphi^*_{s'} \varphi_s d\tau_s \tag{2.9}$$

gebracht werden. Dabei wurde die elektronische Wellenfunktion

$$\phi_n^{el} = \varphi_n \varphi_s \tag{2.10}$$

aufgeteilt in einen Teil φ_n, der die Molekülorbitale, in denen sich die Elektronen befinden, beschreibt, und einen Teil φ_s, der die Spinorientierung angibt. Der Dipoloperator der Elektronenkoordinaten wird durch $\hat{\mu}_e$ beschrieben. Die drei Integrale in Gleichung 2.9 bilden die Basis für die Auswahlregeln elektronischer Übergänge. Sollte eines der Integrale Null sein, dann ist der Übergang formal verboten. Das Integral auf der linken Seite, oder genauer das Quadrat des Integrals, wird als Franck-Condon-Faktor bezeichnet (FC-Faktor). Da die beiden Kernwellenfunktionen zu verschiedenen elektronischen Zuständen gehören, sind sie nicht notwendig orthogonal. Der FC-Faktor wird theoretisch Null, wenn kein elektronischer Übergang vorliegt. In diesem Fall ist allerdings Gleichung 2.8 anzuwenden. Falls die Kernkonfiguration im angeregten Zustand identisch mit der im Ausgangszustand sein sollte, ist der FC-Faktor für $v = 0 \to v' = 0$ am größten und die Ursprungsbande ist die stärkste im Spektrum. Häufig kommt es jedoch zu einer hinreichenden Umverteilung der Elektronen und damit einhergehend zu einer veränderten Molekülgeometrie im angeregten Zustand, so dass vibrationsangeregte Banden stärker sein können.

Die strengste Auswahlregel betrifft die Spinorientierung (rechtes Integral). Sie besagt einfach, dass sich der elektronische Spin des Moleküls beim Übergang nicht verändern darf. Im Laufe dieser Arbeit wurden nur spinerlaubte Übergänge untersucht, also Singulett → Singulett ($S_0 \to S_i$)[2], Dublett → Dublett ($D_0 \to D_i$)[3] sowie Triplett → Triplett ($T_0 \to T_i$)[4]. Die untersuchten Moleküle enthalten nur leichte Elemente (C und H). Für diese ist die Spin-Orbit-Wechselwirkung generell gering ausgeprägt, wodurch die Spin-Auswahlregel streng gilt.

Falls nur das mittlere Integral Null wird, liegen spin-erlaubte, aber orbital-verbotene Übergänge vor. Sie können u.U. durch die Wechselwirkung von elektronischen und vibronischen Zuständen (im Sinne der BO-Näherung) bei ausreichend hoher Säulendichte im Spektrum beobachtet werden und sind etwa 5 bis 8 Größenordnungen stärker als spin-verbotene Übergänge. Die Orbitalauswahlregeln sind sehr wichtig bei der Interpretation von Molekülspektren. Ein Übergang, der sowohl spin- als auch orbital-erlaubt ist, kann sehr intensiv sein. Die entsprechende Orbitalauswahlregel ist vollkommen analog zur Auswahlregel für rein vibronische Übergänge:

Das Produkt $\Gamma[\varphi_{n'}] \times \Gamma[\hat{\mu}_e] \times \Gamma[\varphi_n]$ *muss die totalsymmetrische Darstellung der jeweiligen Punktgruppe enthalten.*

Sind Vibrationen in angeregten Zuständen am elektronischen Übergang beteiligt, kann durch Umschreiben von 2.9 auf

$$M_{nv,n'v'} = \int \varphi_{n'}^* \chi_{n',v'}^* \hat{\mu}_e \varphi_n \chi_{n,v} d\tau_{Ke} \int \varphi_{s'}^* \varphi_s d\tau_s \qquad (2.11)$$

die Auswahlregel auf folgende Form gebracht werden:

Das Produkt $\Gamma[\varphi_{n'}] \times \Gamma[\chi_{n',v'}] \times \Gamma[\hat{\mu}_e] \times \Gamma[\varphi_n] \times \Gamma[\chi_{n,v}]$ *muss die totalsymmetrische Darstellung der jeweiligen Punktgruppe enthalten.*

Dies ist identisch zur vorherigen Regel, falls alle Schwingungen im (totalsymmetrischen) Grundzustand ($v = v' = 0$) vorliegen.

Nachdem ein Molekül ein Photon absorbiert hat und es dadurch in einen energetisch angeregten Zustand gehoben wurde, kann es mit Hilfe verschiedener strahlender und nichtstrahlender Prozesse die überschüssige Energie abgeben und wieder in den Grundzustand zurückkehren. Beispielsweise verlieren neutrale PAHs im interstellaren Raum diese Energie folgendermaßen. Nach UV-Anregung befindet sich das Molekül zunächst in einem hochangeregten elektronischen Zustand. Durch *isoenergetic internal conversion* geht es auf einen niedrigen elektronischen Zustand (gewöhnlich S_1 oder S_2) mit hoher Schwingungsanregung über, die durch Emission von IR-Photonen (AIBs) abgebaut wird. Die restliche Energiedifferenz (von $S_{1,2}$ auf S_0) gibt das Molekül durch Lumineszenz im Sichtbaren und nahen UV ab (mögliche Ursache für die *Extended Red Emission* und Blaue Lumineszenz einiger astrophysikalischer Objekte).

---

[2]neutrale PAHs, C_n-Ringe, C_n-Ketten mit n ungerade, Diamantoide und Diamantyl-Kationen
[3]PAH-Kationen
[4]neutrale C_n-Ketten mit n gerade

2.2.3 Elektronische Strukturmethoden

Dieser Abschnitt beschreibt in groben Zügen die näherungsweise Berechnung der Wellenfunktionen und Orbitalenergien im Rahmen der BO-Näherung durch die Lösung der zeitunabhängigen Schrödingergleichung 2.4 (stationäre Zustände). Die verwendeten Methoden, die die Bestimmung der Übergangsenergien (zeitabhängige Systeme) ermöglichen, werden ebenfalls kurz umrissen.

Die elektronische Wellenfunktion $\phi^{el}(r)$ muss aufgrund des Pauli-Prinzips antisymmetrisch bei Vertauschung zweier Elektronen sein. Unter Berücksichtigung der Spin-Orientierung lässt sich dies für ein System aus n Elektronen am einfachsten mit Hilfe der Slater-Determinante

$$\phi^{el}(r) = \frac{1}{\sqrt{n!}} \begin{vmatrix} \varphi_1(r_1)\varphi_\uparrow(1) & \varphi_1(r_1)\varphi_\downarrow(1) & \cdots & \varphi_{n/2}(r_1)\varphi_\uparrow(1) & \varphi_{n/2}(r_1)\varphi_\downarrow(1) \\ \vdots & \vdots & & \vdots & \vdots \\ \varphi_1(r_n)\varphi_\uparrow(n) & \varphi_1(r_n)\varphi_\downarrow(n) & \cdots & \varphi_{n/2}(r_n)\varphi_\uparrow(n) & \varphi_{n/2}(r_n)\varphi_\downarrow(n) \end{vmatrix} \quad (2.12)$$

erreichen. Die $\varphi_i(r_j)$ sind dabei Einteilchenzustände, die die Bewegung der einzelnen Elektronen j im gemittelten Feld aller anderen Elektronen im jeweiligen Molekülorbital i beschreiben. Jedes Orbital kann von zwei Elektronen mit entgegengesetztem Spin ($\varphi_\uparrow$ und $\varphi_\downarrow$) besetzt werden. Die Molekülorbitale φ_i können als Linearkombinationen von Einelektronen-Funktionen entwickelt werden, die als Basisfunktionen ρ_μ bezeichnet werden. Die Basisfunktionen sind gewöhnlich auf die Atome des Moleküls zentriert und können z.B. an die jeweilige Kernladungszahl angepasste Wasserstoff-Wellenfunktionen sein. In diesem Fall wird diese Methode als LCAO (*linear combination of atomic orbitals*) bezeichnet. Die mathematische Behandlung geht jedoch noch weiter. Die Basisfunktionen können wiederum als Superposition von normierten Gaussfunktionen g_p dargestellt werden

$$\varphi_i = \sum_\mu c_{\mu i} \rho_\mu = \sum_\mu c_{\mu i} (\sum_p d_{\mu p} g_p) , \quad (2.13)$$

was gewisse numerische Vorteile mit sich bringt. Die Anzahl und Form der verwendeten Gaussfunktionen sowie die Vorfaktoren $d_{\mu p}$ werden in sog. Basissätzen definiert. Minimale Basissätze enthalten die minimale Anzahl an Basisfunktionen, die für jedes Atom benötigt werden, also z.B. ($1s$) für Wasserstoff oder ($1s$, $2s$, $2p_x$, $2p_y$, $2p_z$) für Kohlenstoff. Die Größe der Atomorbitale ist dabei festgesetzt, z.B. werden im STO-3G-Basissatz drei primitive Gaussfunktionen (3G) verwendet, um die Basisfunktionen als Slater-Orbitale anzunähern (STO = *slater type orbital*). Für eine genauere Beschreibung von Molekülbindungen müssen ausgefeiltere Basissätze verwendet werden. In dieser Arbeit fanden häufig Split-Valenz-Basissätze Verwendung, bei denen verschieden große Valenzorbitale der Atome verwendet werden, so dass die Elektronendichte sich besser der molekularen Umgebung anpassen kann. Beispielsweise werden beim 6-311G Basissatz[5] sechs primitive Gaussfunktionen verwendet, um jedes Kernatomorbital zu beschreiben. Die Valenzorbitale liegen dagegen in drei verschiedenen Größen vor. Eines wird durch drei Gaussfunktionen beschrieben, die anderen beiden durch jeweils eine. In polarisierten Basissätzen werden zusätzlich p- und d-Orbitale eingeführt (z.B. 6-311G(d,p)). Schließlich

---
[5] Die Notation geht auf J. Pople zurück.

können noch diffuse Funktionen verwendet werden, die räumlich sehr ausgedehnte Varianten von s- und p-Typ-Orbitalen darstellen (z.b. 6-311+G(d,p)). Die letzten beiden Maßnahmen sind wichtig, um z.b. Anionen oder Moleküle in angeregten Zuständen korrekt zu beschreiben, bei denen die Elektronen weit von den Atomkernen entfernt sein können.

Das Prinzip der Konstruktion der Wellenfunktionen besteht jetzt darin, sich zu Beginn durch geschickte Linearkombinationen der Basisfunktionen an das jeweilige Problem angepasste Wellenfunktionen für die einzelnen Orbitale φ_i zu beschaffen bzw. zu erraten. Die zunächst auf fiktiven Wellenfunktionen basierende Grundzustandsenergie

$$E = \frac{\int \phi^{el*} \hat{H} \phi^{el}}{\int \phi^{el*} \phi^{el}} \quad (2.14)$$

ist grundsätzlich größer als die wahre Energie, die man erhalten würde, wenn man die Differentialgleichung 2.4 tatsächlich lösen könnte (Variations-Theorem). Das Problem besteht jetzt darin, den Satz der Koeffizienten $c_{\mu i}$ zu finden, der die Gesamtenergie minimiert. Dies kann im Rahmen der Hartree-Fock-Theorie (HF-Theorie) auf numerischem Weg erfolgen. Das Variationsprinzip führt auf eine von Roothan und Hall hergeleitete Matrixgleichung der Form

$$FC = SC\varepsilon. \quad (2.15)$$

Dabei ist ε eine Diagonalmatrix, die als Elemente die Energien der einzelnen Einelektronen-Orbitale enthält. Die Fock-Matrix F repräsentiert den gemittelten Einfluss aller Elektronen auf jedes Orbital. Die Koeffizienten $c_{\mu i}$ stecken sowohl in C als auch in F. Die Überlapp-Matrix S beschreibt, wie die Orbitale einander räumlich durchdringen. Die Gleichung 2.15 ist nicht linear und muss iterativ gelöst werden. Der numerische Vorgang, der dies bewerkstelligt, wird als *Self-Consistent-Field*(SCF)-Methode bezeichnet. Die Prozedur generiert besetzte und unbesetzte (virtuelle) Molekülorbitale, deren Anzahl gleich der Anzahl der verwendeten Basisorbitale ist. Noch zu erwähnen ist, dass für Moleküle mit nur halbbesetzten Orbitalen (z.B. PAH-Kationen) die Expansion der Molekülorbitale künstlich für die beiden Spin-Einstellmöglichkeiten getrennt voneinander berechnet wird (= *unrestricted HF method*).

Die HF-Theorie beschreibt die Korrelation zwischen der Bewegung der Elektronen mit entgegengesetztem Spin nicht. Lediglich die Austauschwechselwirkung, d.h. die Wechselwirkung durch gepaarte Elektronen mit gleichem Spin, wird korrekt wiedergegeben. Es gibt diverse Elektronen-Korrelations- bzw. *post-SCF*-Methoden wie *Configuration Interaction* (CI) oder Møller-Plesset-Störungstheorie, die diesen Makel im Nachhinein korrigieren, worauf hier aber nicht eingegangen werden soll. Einen anderen Ansatz zur Beschreibung der Austauschwechselwirkung der Elektronen verfolgt die Dichtefunktionaltheorie (DFT). Grundlage ist das Hohenberg-Kohn-Theorem (Hohenberg & Kohn, 1964), das besagt, dass der Grundzustand eines quantenmechanischen Systems eine eindeutige Elektronendichte σ hat, von der ausgehend alle Eigenschaften des quantenmechanischen Systems bestimmt werden können. Dazu zählt auch die Gesamtenergie, die jetzt als Funktional der Elektronendichte aufgefasst wird. Die elektronische Energie des Systems wird aufgeteilt in einen Term für die kinetische

Energie der Elektronen E_T, einen Term E_V, der die Coulomb-Wechselwirkung der Kerne untereinander sowie mit den Elektronen beschreibt, einen Term E_J für die Elektron-Elektron-Abstoßung (Coulomb-Selbstwechselwirkung der Elektronendichte) und einen Austauschwechselwirkungsterm E_{XC}. Damit ergibt sich

$$E = E_T + E_V + E_J + E_{XC}. \quad (2.16)$$

Dabei entspricht $E_T + E_V + E_J$ der klassischen Energie der Ladungsträgerdichte σ. E_{XC} resultiert dagegen aus der Antisymmetrie der quantenmechanischen Wellenfunktion und beinhaltet die dynamische Korrelation durch die Elektronenbewegung. E_{XC} wird formal aufgeteilt in die beiden Terme E_X und E_C, die lediglich die Wechselwirkung von Elektronen mit gleichem Spin (in HF enthalten) bzw. entgegengesetztem Spin (nicht in HF) beschreiben. Die genaue Form des Funktionals E_{XC} ist nicht bekannt und kann nur angenähert werden. Dabei kann es neben der Dichte σ auch von deren Gradient $\nabla\sigma$ abhängen (Gradienten-korrigierte Funktionale). Die selbst-konsistenten Kohn-Sham-DFT-Berechnungen werden auf analoge Weise durchgeführt wie die SCF-Berechnungen, allerdings mit der zusätzlichen Berechnung des Extra-Terms E_{XC}, welcher nicht analytisch bestimmt werden kann und deshalb durch numerische Integration ermittelt werden muss. Wie bereits erwähnt, beinhaltet die HF-Theorie ebenfalls einen Teil der Austausch-Wechselwirkung. In Hybrid-Funktionalen wird das DFT-Funktional für die Austausch-Wechselwirkung mit dem HF-Austausch-Funktional gemischt. Als sehr erfolgreich hat sich dabei das sog. B3LYP-Funktional (Becke, 1993; Stephens et al., 1994) erwiesen, dessen Parameter durch Anfitten an experimentelle Daten optimiert wurden und das im Laufe dieser Arbeit mehrfach Verwendung fand. Für ausführliche Details zu DFT-Berechnungen sei auf die Fachliteratur verwiesen.

Am Beispiel der Hückelmethode wird im Anhang A.2 skizziert, wie die Molekülorbitale mittels LCAO konstruiert werden können. Die vereinfachte Hückelmethode beschreibt Eigenschaften von Systemen, die von π-Elektronen bestimmt werden, wie z.B. aromatische Strukturen. Sie führt diverse Näherungen ein, kann aber häufig die energetisch richtige Orbitalreihenfolge vorhersagen. Deshalb dienen Hückelorbitale oft als Ausgangspunkt für ausgefeiltere ab-initio und DFT-Rechnungen. Als Basisfunktionen werden dabei jedoch nur die p-Atomorbitale verwendet, die senkrecht zu den σ-Bindungen im Molekül stehen (p_z). Diese bilden durch Linearkombinationen das Netzwerk der π-Elektronen. Repräsentativ für die untersuchten PAHs aus Kapitel 3 sind für Pyren ($C_{16}H_{10}$; Punktgruppe D_{2h}) in Abb. 2.6 die (per Hand) mittels Hückelmethode berechneten Orbitalenergien dargestellt. Beschränkungen hinsichtlich der quantitativen Aussagekraft dieser Methode offenbaren sich beim Vergleich mit Resultaten genauerer DFT-Rechnungen.

Um zeitabhängige Störungen, wie z.B. eine einfallende elektromagnetische Welle, quantenmechanisch zu behandeln, hat sich die zeitabhängige Dichtefunktionaltheorie (TDDFT = *time-dependent* DFT) in den letzten Jahren etabliert. Formale Grundlage ist in Analogie zum Hohenberg-Kohn-Theorem für zeitunabhängige Systeme das Runge-Gross-Theorem (Runge & Gross, 1984). Falls die externe Störung klein ist, kann die *linear-response*-TDDFT (z.B. Andrade et al., 2007) verwendet werden, die auf die Eigenschaften des DFT-Grundzustandes aufbaut

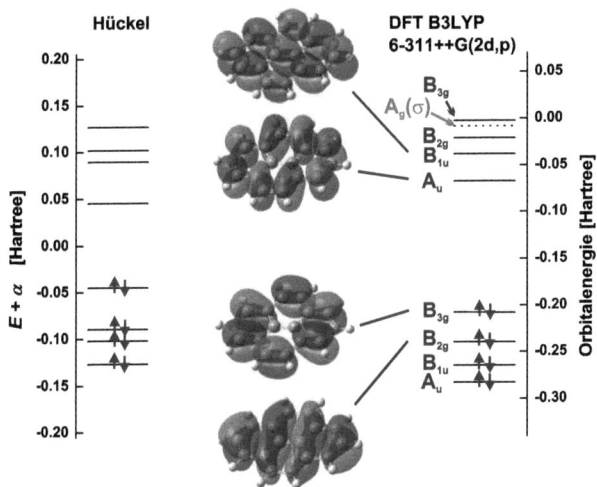

Abbildung 2.6: Mittels Hückelmethode berechnete Energieeigenwerte der Molekülorbitale von Pyren (links; zur Berechnung siehe Anhang A.2) im Vergleich mit einer DFT-Rechnung (rechts). Die DFT-berechneten π-Orbitale HOMO-1, HOMO, LUMO, LUMO+1 sind zur Veranschaulichung grafisch dargestellt. Das gestrichelt eingezeichnete Energieniveau ist ein antibindendes σ^*-Orbital, das sich energetisch zwischen den gezeigten π^*-Orbitalen befindet. Der Parameter β, der die Wechselwirkungsenergie zwischen zwei benachbarten $2p_z$-Orbitalen angibt, wurde zu $\beta = 2.77$ eV (sollte annähernd für PAHs gelten) aus der Publikation von Salama & Allamandola (1991) entnommen. Für den Parameter α (Energie eines Elektrons im $2p_z$-Orbital) erhält man zudem durch einen Vergleich mit der DFT-Rechnung $\alpha \approx 0.136$ Hartree = 3.7 eV.

und mit der sich z.B. Anregungsenergien (lineare Absorptionsspektren) berechnen lassen. Aus Platzgründen wird auf eine ausführliche Beschreibung verzichtet. Diese lässt sich u.a. in der Ausarbeitung von Marques et al. (2006) finden.

Semi-empirische Verfahren basieren auf der HF-Methode, führen aber viele Vereinfachungen ein und benutzen einige Parameter aus experimentellen Daten. Dadurch werden innerhalb gewisser Grenzen auch Korrelationseffekte mit berücksichtigt. Im Prinzip nehmen sie eine Zwischenstellung zwischen ab-initio und rein empirischen Verfahren ein. Beispielsweise wurden bei der Hückel-Methode die Überlappintegrale α und β als empirische Parameter verwendet. Im Vergleich zu HF- oder DFT-Methoden liegt der Vorteil in der wesentlich schnelleren Berechnung auch großer Systeme. Falls das semi-empirische Modell an die jeweils untersuchte Molekülklasse angepasst wurde, kann es sogar eine bessere Übereinstimmung mit experimentellen Daten liefern. Im Umkehrschluss besteht der wesentliche Nachteil darin, dass die Ergebnisse stärker von der Realität abweichen können, wenn versucht wird, Moleküle zu berechnen, die sich hinreichend von denen unterscheiden, die verwendet wurden, um die empirischen Parameter zu bestimmen. Auch die Vergleichbarkeit berechneter Eigenschaften für unterschiedliche Molekülklassen ist eingeschränkt. In Kapitel 3 wurden die Modelle AM1 (Dewar et al., 1985) für Grundzustandsberechnungen und ZINDO (Ridley & Zerner, 1973) für die Berechnung elektronischer Anregungsspektren von PAHs verwendet. Da diese Modelle für π-Elektronensysteme optimiert wurden, konnten sie z.b. nicht auf Diamantoide (Kapitel 4) angewandt werden.

Für quantenmechanische ab-initio und semi-empirische Berechnungen wurden in dieser Arbeit die folgenden Softwarepakete verwendet: Gamess-US (Schmidt et al., 1993), Gaussian03 (Frisch et al., 2004), Gaussian09 (Frisch et al., 2009) und Octopus (Marques & Gross, 2004; Castro et al., 2006). Die Gaussian03- und Gaussian09-Rechnungen wurden dabei zum Großteil auf dem Linux-HPC-Cluster Omega der FSU Jena ausgeführt. Das Octopus-Paket zeichnet sich durch eine Besonderheit hinsichtlich der TDDFT-Rechnungen aus. Im Gegensatz zur TDDFT-Implementierung der anderen Pakete werden die Berechnungen komplett mit Hilfe numerischer Gitter im Realraum und nicht im Frequenzraum der Basisfunktionen ausgeführt. Dadurch entfällt die übliche Verwendung von Basissätzen. Die im Realraum konstruierten Kohn-Sham-Orbitale werden nach initialer Anregung durch einen Delta-Impuls in Echtzeit propagiert, wodurch gleichzeitig alle elektronischen Eigenfrequenzen des Systems angeregt werden. Das lineare Absorptionsspektrum kann dann durch Auswertung des zeitabhängigen Dipolmomentes berechnet werden. Auf diese Weise werden im Prinzip alle möglichen elektronischen Resonanzen erfasst, und das Spektrum erstreckt sich bis weit in den VUV-Bereich. Dieser Vorteil wird mit einer gewöhnlich etwas schlechteren Übereinstimmung mit experimentellen Daten erkauft. Auch enthält das berechnete Spektrum keine näheren spektroskopischen Informationen, z.B. über die Symmetrie angeregter Zustände.

Kapitel 3

Polyzyklische aromatische Kohlenwasserstoffe

3.1 Einleitung

Von aromatischen CH- und CC-Schwingungen verursachte Emissionsbanden im mittleren Infrarot (AIBs; 3–15 μm), früher als „unidentifizierte" oder manchmal auch „überidentifizierte IR-Banden" bezeichnet, wurden in vielen astrophysikalischen Umgebungen, wie etwa in planetarischen Nebeln, zirkumstellaren Scheiben, Reflexionsnebeln und sogar in aktiven galaktischen Kernen, gefunden (Tielens, 2005). Da die AIBs häufig in großer Entfernung von Sternen, die die umliegende Materie erwärmen, beobachtet werden, können sie nur durch stochastisch geheizte, große Moleküle, bestehend aus etwa 20–100 C-Atomen, in der Fachliteratur manchmal auch als *very small grains* (sehr kleine Staubkörner) bezeichnet, verursacht werden. Größere Staubpartikel erreichen nach Photonenabsorption nicht genügend hohe Temperaturen, um die beobachtete Intensität der IR-Fluoreszenz zu erklären[1]. Durch das Vorhandensein der AIBs, die die Spektren der meisten galaktischen und extragalaktischen Quellen dominieren (Abb. 3.1), weiß man inzwischen, dass PAHs ein wichtiger Bestandteil der interstellaren Materie sind (z.B. Léger & Puget, 1984). Nach H_2 und CO gehören sie zu den häufigsten Molekülen im interstellaren Medium (ISM) (Léger et al., 1989). PAHs sind allgegenwärtig und eine dominante Komponente im ISM von Galaxien. Sie liefern einen wichtigen Beitrag zum photoelektrischen Heizen der interstellaren Materie sowie zu deren Ionisationsgleichgewicht, möglicherweise auch zur Bildung kleiner Kohlenwasserstoffradikale und Kohlenstoffketten (Tielens, 2008). Es wurden verschiedene Szenarien vorgeschlagen, die zur Entstehung von PAHs führen. Beispielsweise könnten sie als primäre kosmische Kohlenstoffmaterie in den Hüllen von AGB-Sternen auskondensieren (Henning & Salama, 1998) oder infolge der Zerstörung und Zerkleinerung rußartiger Staubpartikel im ISM durch von Supernovae ausgelösten Schockwellen freigesetzt werden (Tielens, 2008).

---

[1]Die AIBs sind eine Fluoreszenzerscheinung im IR. Nach Absorption eines einzelnen UV-Photons wird die Anregungsenergie im Molekül auf die Vibrationsmannigfaltigkeit übertragen und als IR-Emission wieder abgestrahlt (siehe z.B. Tielens, 2005).

PAHs sind im Regelfall planare Moleküle mit graphitischer Bienenwabenstruktur - im Prinzip kleine Graphenflocken, deren offene Bindungen am Rand mit H-Atomen abgesättigt wurden. Pro sp^2-gebundenes C-Atom steht ein Elektron für π-Bindungen zur Verfügung. Die π-Elektronen bilden delokalisierte Elektronenwolken. Je größer die Delokalisierung, umso stabiler ist im Allgemeinen das Molekül. Im astrophysikalischen Sprachgebrauch werden generell auch nur zum Teil aromatische Moleküle mit Heteroatomen (N, O), mehrfacher Hydrierung oder anderen Seitengruppen als PAHs bezeichnet.

Eine Identifikation eines spezifischen Moleküls anhand der AIBs ist nicht möglich, da im mittleren IR die Absorptions- und Emissionsbanden von funktionellen Gruppen bestimmt werden. Lediglich Informationen über die Größen- und Ladungsverteilung der PAH-Mischung sowie das Verhältnis von aromatischen zu aliphatischen Komponenten können aus den Bandenpositionen und relativen Intensitäten extrahiert werden (z.B. Draine & Li, 2007). Basierend auf energetischen Argumenten lässt sich die IR-Emission häufig auf Moleküle, die aus etwa 50 (oder mehr) C-Atomen bestehen, zurückführen (Tielens, 2008). Zur Erinnerung sei hier nochmal erwähnt, dass die Profile *einiger* DIBs kompatibel mit großen molekularen Bandenträgern, u.a. aus vierzig und mehr C-Atomen aufgebauten PAHs, sind (siehe Abschnitt 1.2). Derartig große Moleküle haben eine ausreichend niedrige Wärmekapazität, so dass die maximal erreichten Vibrationstemperaturen nach Absorption eines UV-Photons ausreichen, um auch weit entfernt von anregenden Sternen starke Fluoreszenz im IR zu bewirken. Das hohe *Feature*-zu-Kontinuumsverhältnis der AIBs und das häufig auf Anharmonizität zurückzuführende asymmetrische Bandenprofil lässt sich nur mit voneinander isoliert freifliegenden Molekülen erklären (Tielens, 2005). Jedoch wurden auch viel breitere Emissionsbanden gefunden, die auf aggregierte PAHs (PAH-Cluster) hindeuten (Abb. 3.2).

Ein typisches kompaktes interstellares PAH-Molekül aus 50 C-Atomen ist ungefähr 6 Å groß, aus etwa zwanzig Hexagonen zusammengesetzt und besitzt am Rand ca. zwanzig H-Atome. Im diffusen ISM absorbiert es im Mittel etwa ein UV-Photon pro Jahr (!) und erreicht dabei Peaktemperaturen von bis zu 1000 K. Die Relaxation in den Grundzustand ($T_{\text{vib}} \approx 10$ K) infolge von Fluoreszenz im IR und UV-VIS dauert dagegen größenordnungsmäßig nur ~1 s (Tielens, 2005). Nichtstrahlende Relaxationsprozesse durch Stöße mit anderen Molekülen sind aufgrund der geringen Dichten im ISM vernachlässigbar. Die UV-Absorption kann, eine ausreichend hohe Photonenenergie vorausgesetzt, die Ionisation des Moleküls bewirken. Das erste Ionisationspotenzial von PAHs dieser Größenordnung liegt im Bereich 6–8 eV. Photonen dieser Energie sind im ISM reichlich vorhanden. Rekombinationsreaktionen mit freien Elektronen können wieder zur Neutralisation oder negativen Aufladung führen. Verstraete et al. (1990) haben versucht, den Anteil ionisierter PAHs in verschiedenen interstellaren Umgebungen abzuschätzen. Sie fanden einerseits Werte zwischen 0 und 10% für z.B. HI- und HII-Wolken, sowie andererseits bis zu 94% für Reflexionsnebel. Allerdings sind diese Zahlenwerte umstritten, da zwar die Ionisationsraten relativ gut bekannt sind, nicht jedoch die Rekombinationsraten mit Elektronen (Le Page et al., 2003).

PAHs wurden aufgrund der anfangs nur vermuteten Verbindung zu den AIBs hauptsächlich

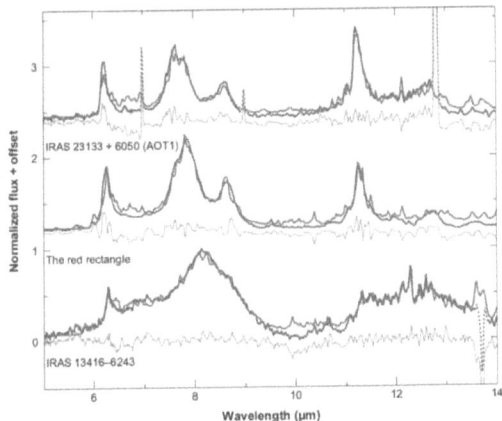

Abbildung 3.1: Die aromatischen Emissionsbanden im mittleren IR. Die beobachteten Spektren (blaue Kurven) wurden mit einer Mischung aus gemessenen und berechneten PAH-Spektren (rot) angefittet. Außerhalb des gezeigten Wellenlängenbereiches liegen zudem noch die CH-Streckschwingungsbanden bei etwa 3.3 μm. Diese lassen sich üblicherweise weniger gut anfitten, da deren Stärke zum einen von üblichen DFT-Rechnungen überbewertet werden und zum anderen die IR-Spektren der meisten PAHs in Festkörperumgebungen (Pellettechnik oder Matrixisolation) gemessen wurden, die die Bandenstärken für Streckschwingungen deutlich verringern (Abb. aus der Publikation von Tielens, 2008).

im infraroten Wellenlängenbereich spektroskopisch untersucht. Jedoch sind andere Spektralbereiche genauso von Bedeutung, zumal überprüft werden sollte, ob die Beobachtungen in diesen Bereichen mit dem PAH-Modell in Einklang gebracht werden können. PAHs haben in der Regel keine oder nur sehr schwache permanente Dipolmomente, weshalb keine starken spektroskopischen Fingerabdrücke im Radiobereich zu erwarten sind[2]. Andererseits verursachen elektronische $\pi-\pi^*$ Übergänge ausgeprägte Banden im UV-VIS. In diesem Bereich weist, wie bereits in Kapitel 1.1 beschrieben, die interstellare Materie zwei klare spektroskopische Merkmale auf, nämlich eine wachsende Anzahl von DIBs unbekannten Ursprungs oberhalb von 400 nm sowie den UV-*Bump* bei 217.5 nm mit fast konstanter Position, aber variierender Stärke und Bandenbreite in verschiedenen Sichtlinien. Neben diesen Erscheinungen (u.a. Jenniskens & Désert, 1994; Beegle et al., 1997; Salama et al., 1999; Ruiterkamp et al., 2002; Salama, 2008) wurden PAHs auch als Träger einiger weiterer Phänomene vorgeschlagen, darunter die *Extended Red Emission* (ERE; Rhee et al., 2007) und die blaue Lumineszenz (Vijh et al., 2005). Laborexperimente, die diese unter Diskussion stehenden Zuordnungen eindeutig bestätigen, existieren jedoch noch nicht. Dementsprechend wurden die elektronischen Spektren von großen, astrophysikalisch relevanten PAHs ($\gtrsim$ 50 C-Atome) und Mischungen aus diesen Mole-

---

[2]Allerdings werden PAHs trotz schwachen Dipolmoment hinter der anormalen Mikrowellenemission (*anomalous microwave emission*) vermutet (Draine & Lazarian, 1998).

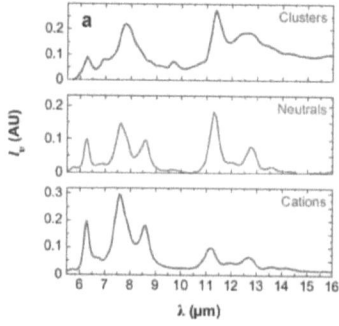 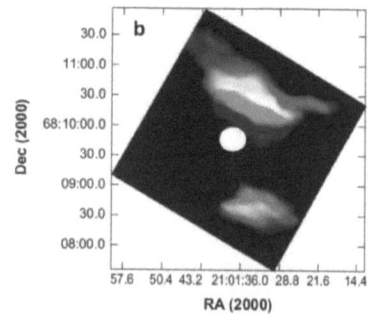

Abbildung 3.2: Unterscheidung zwischen neutralen, kationischen und agglomerierten PAHs anhand der IR-Spektren (Komponentenanalyse der beobachteten Spektren von NGC 7023; linke Abbildung). Die rechte Abbildung verdeutlicht die räumliche Verteilung der drei Komponenten in NGC 7023. In unmittelbarer Umgebung des Sterns (weißer Kreis) sind die PAHs ionisiert, in großer Entfernung setzt Clusterbildung ein (Abb. aus Rapacioli et al., 2005; Berné et al., 2008).

külen, gemessen unter geeigneten Bedingungen (tiefe Temperatur, kollisionsfreie Umgebung), fast noch nicht erschlossen. Dies liegt hauptsächlich darin begründet, dass ausreichende Mengen derartiger Proben nur unter sehr hohem Aufwand synthetisiert werden können. Ruiterkamp et al. (2002) und Halasinski et al. (2003) haben die UV-VIS-Absorptionseigenschaften einiger ausgewählter PAHs mit maximal 48 C-Atomen gemessen, die in Edelgasmatrix isoliert wurden. Diese Studien wurden durch die Suche nach möglichen DIB-Trägern motiviert und konzentrierten sich deshalb auf eher exotische oder gestreckte (nicht kompakte) PAHs, da diese Spezies stärkere Absorptionsbanden im Sichtbaren aufweisen. Nur wenige experimentelle Studien untersuchten die Eigenschaften von PAHs im FUV. Im Bereich 1–11 μm^{-1} (1000–91 nm) wurde die Absorption von Synchrotronstrahlung durch heiße (600 K), gasförmige PAH-Gemische, deren Moleküle aus durchschnittlich maximal 31 C-Atomen aufgebaut waren, (bei allerdings niedriger spektraler Auflösung) von Joblin et al. (1992) gemessen. Dabei fiel unter anderem eine breite Absorptionsbande bei etwa 210 nm auf, die eine ähnliche Form zeigte wie der interstellare UV-*Bump* bei 217.5 nm. Dementsprechend wurde vorgeschlagen, dass PAHs zumindest einen Beitrag zu eben jenem Merkmal der interstellaren Extinktion liefern könnten. Wie bereits in Abschnitt 1.2 erläutert, wird der UV-*Bump* gewöhnlich mit nanoskopischen (amorphen, hydrierten; siehe z.B. Gadallah et al., 2011) Kohlenstoffstrukturen assoziiert. Ein überzeugender experimenteller Nachweis dieser Hypothese konnte allerdings noch nicht erbracht werden.

Die in den folgenden Abschnitten vorgestellten Untersuchungen beschäftigen sich im Wesentlichen mit den elektronischen Absorptionseigenschaften von PAHs. Ziel ist, die zuvor erwähnten Wissenslücken in Bezug auf deren astrophysikalische Bedeutung - den möglichen

Beitrag zu interstellaren spektroskopischen Banden im UV-VIS-Spektralbereich - zu schließen. Dabei wurde im Wesentlichen auf die MIS zurückgegriffen, da mit ihr große Wellenlängenbereiche abgedeckt werden können. Zudem ergeben sich bei dieser Methode diverse weitere Vorteile, die in Abschnitt 2.1.2 diskutiert wurden. Unter anderem waren diese Untersuchungen ursprünglich als spektroskopische Vorversuche für eventuell später folgende Gasphasenmessungen angedacht, was in Hinblick auf die Zuordnung der DIBs von Bedeutung wäre. Die Messungen unterstützend kamen theoretische Methoden, insbesondere DFT und TDDFT, zum Einsatz, die zum einen spektroskopische Bandenzuordnungen und zum anderen den Zugang zu vom Experiment nicht erschließbaren Wellenlängenbereichen ermöglichen. In Abschnitt 3.2 werden die Spektren einiger ausgewählter PAHs diskutiert sowie Trends in den Bandenpositionen und -intensitäten bei Veränderung der molekularen Struktur aufgezeigt. Mittels Laserpyrolyse und anschließender Gasphasenkondensation hergestellte PAH-Mischungen werden in Kapitel 3.3 analysiert. Abschnitt 3.4 behandelt schließlich den Ursprung des interstellaren UV-*Bumps* bei 217.5 nm. Dabei werden auch die Spektren großer, ionisierter PAHs besprochen. Anschließend folgt eine kurze Zusammenfassung. Die hier vorgestellten Ergebnisse wurden in diversen Fachzeitschriften publiziert, was an geeigneter Stelle dementsprechend vermerkt ist.

3.2 Trends in den elektronischen Spektren ausgewählter PAHs

Dieser Abschnitt behandelt die elektronischen Absorptionsspektren einiger ausgewählter neutraler PAHs zwischen 190 und etwa 3000 nm. Dabei sollen sowohl die Unterschiede als auch die Gemeinsamkeiten der elektronischen Spektren von PAHs unterschiedlicher Größen und Symmetrien aufgezeigt werden. Aufgrund der Bandlücke (*HOMO-LUMO gap*) der gezeigten Moleküle konnten die Messungen gewöhnlich auf einen kleineren spektralen Bereich (190 bis etwa 600 nm) eingeschränkt werden. Die ersten Banden durch IR-aktive Schwingungen erscheinen dann erst wieder ab etwa 3.3 μm. Die Begrenzung im UV entsteht durch Limitierungen der Messapparatur. Falls im Folgenden spektroskopische Bandenzuordnungen getroffen werden, beruhen diese entweder auf den Vergleich mit TDDFT-Berechnungen, durch Angabe des quantenchemischen Modells in Klammern angezeigt, oder auf Informationen aus der Literatur. Einige der vorgestellten Spektren wurden in Artikeln in der Fachliteratur veröffentlicht (Rouillé et al., 2009) bzw. zur Veröffentlichung eingereicht (Rouillé et al., 2011).

3.2.1 PAHs mit Seitengruppen

Das Ersetzen eines H-Atoms am Rande eines PAHs durch eine aliphatische Gruppe (Kette) beeinflusst unter anderem die π-Elektronenwolke des aromatischen Grundgerüstes und damit auch die spektroskopischen Eigenschaften im Sichtbaren und nahen UV. Am stärksten sollte sich diese Beeinflussung bei den energetisch niedrigsten elektronischen Übergängen, insbesondere kleinerer PAHs, bemerkbar machen. Je größer das Molekül bei vergleichbarer Seitenkette ist, umso weniger wird sich naturgemäß die „Störung" auf die Elektronen in energetisch tieferen Orbitalen auswirken. Ferner können zusätzliche Banden im Spektrum auftauchen, die zum einen durch die hinzugekommenen Elektronen der Seitengruppe sowie zum anderen durch die Aufhebung symmetriebedingter Übergangsregeln aufgrund einer im Vergleich zum Ausgangsmolekül ohne Seitenkette verringerten Symmetrie entstehen.

Es wird vermutet, dass PAHs mit aliphatischen Seitengruppen häufiger im ISM vorkommen als man bisher angenommen hat (Hu & Duley, 2008a,b). Polyynyl-Substituenten sind insbesondere von Interesse, da die entsprechenden Radikale, beispielsweise C_2H (Ethynyl; Tucker et al., 1974), bereits im All anhand ihrer Rotationsspektren identifiziert werden konnten. Im Rahmen eines Projektes, das sich der Untersuchung von PAHs mit Polyynyl-Ketten widmet, konnte bereits das Absorptionsspektrum von 9-Ethynyl-Phenanthren ($C_{16}H_{10}$, 9EPh), das in kryogener Ne-Matrix isoliert wurde, gemessen werden. Dieses ist, zusammen mit dem Spektrum des nicht-substituierten Ausgangsmoleküls Phenanthren ($C_{14}H_{10}$, Ph), in Abb. 3.3 dargestellt. Beide Moleküle wurden kommerziell erworben (Sigma Aldrich; Reinheit: Ph 98%, 9EPh 97%). Die Dampfdrücke beider Substanzen sind hoch genug, so dass die Verdampfung zum Zwecke der Matrixpräparation bei etwa Raumtemperatur durchgeführt werden konnte. Die Hauptverunreinigung der 9EPh-Probe ist dabei Ph, das einen leicht höheren Dampfdruck aufweist und dadurch die Herstellung einer nur mit 9EPh dotierten Matrix erschwerte. Dieses Problem, d.h. die Beseitigung des unerwünschten Ph-Anteils, konnte schließlich durch geschickte Aufwärm- und Abkühlvorgänge bei gleichzeitiger Evakuierung des Ofens vor dem eigentlichen Depositionsexperiment gelöst werden. Zu beachten ist, dass die absoluten Intensitäten der in Abb. 3.3 gezeigten Spektren beider Moleküle aufgrund unterschiedlicher Dampfdrücke und Abscheidebedingungen nicht direkt miteinander verglichen werden können. Stattdessen wurde eine Normierung auf die jeweils stärkste Bande durchgeführt. Ein Vergleich der absoluten Wirkungsquerschnitte kann hier nur anhand der berechneten Oszillatorstärken erfolgen.

Die Geometrie des neutralen Ph-Moleküls weist im Grundzustand C_{2v}-Symmetrie auf. Vom elektronischen $^1A_1$ Grundzustand sind dipolerlaubte Übergänge auf Zustände möglich, die entsprechend den irreduzierbaren Darstellungen A_1, B_1 und B_2 transformieren. Übergänge auf $^1A_2$-Zustände sind hingegen dipolverboten. Die Ursprungsbande[3] des $S_1(A_1) \leftarrow S_0(A_1)$ Übergangs liegt in der Ne-Matrix bei 341.2 nm. Die berechnete Oszillatorstärke des gesamten elektronischen Übergangs ist mit $f = 0.002$ (B3LYP/6-311+G(d)) eher schwach. Wesentlich stärker erscheint die $S_2(B_2) \leftarrow S_0(A_1)$ Ursprungsbande bei 284.4 nm ($f = 0.061$ für den kompletten Übergang). In der Gasphase wurde diese beispielsweise mittels Cavity-Ring-Down-Spektroskopie (CRDS), im Vergleich zur MIS wie zu erwarten etwas weiter im Blauen, bei 282.7 nm (Vakuumwellenlänge; Staicu et al., 2006) gemessen. Zusätzliche Schwingungsanregungen im elektronisch angeregten Zustand sind für die weiteren Banden auf der blauen Seite der jeweiligen Ursprungsbande verantwortlich. Auf eine detaillierte Analyse der Vibrationen

---

[3] Die Ursprungsbande bezeichnet den reinen elektronischen Übergang, d.h. Vibrationen sind weder im Ausgangs- noch im Endzustand angeregt.

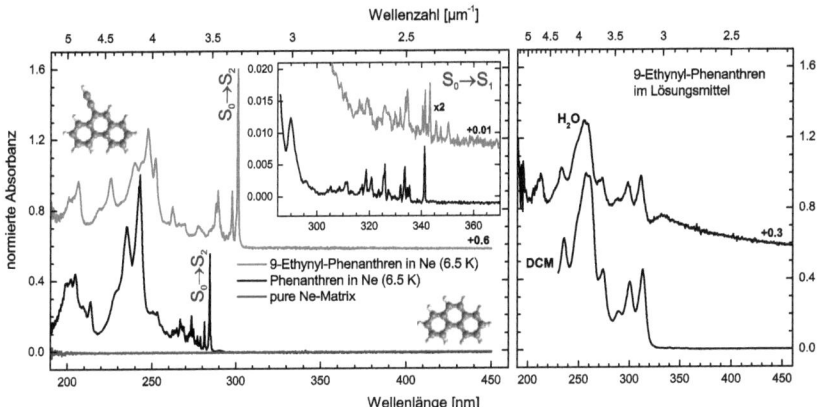

Abbildung 3.3: Links: Absorptionsspektren von 9EPh ($C_{16}H_{10}$; zur besseren Übersicht vertikal verschoben) und Ph ($C_{14}H_{10}$) isoliert in Ne bei etwa 6.5 K. Zum Vergleich ist ebenfalls das Absorptionsspektrum der undotierten Ne-Matrix abgebildet. Rechts: 9EPh in den Lösungsmitteln DCM und Wasser.

wird hier verzichtet. Zu beachten ist, dass sich die berechneten Oszillatorstärken auf den jeweils gesamten elektronischen Übergang, inklusive aller Schwingungsanregungen, verteilen. Die Umverteilung der Elektronen in den Zuständen S_1 und S_2 im Vergleich zum Grundzustand scheint indessen keine wesentlichen strukturellen Deformationen des Kerngerüstes nach sich zu ziehen, da in beiden Fällen die Ursprungsbande jeweils stärker ist als die nachfolgenden Vibrationsbanden.

Die Ethynyl-Seitengruppe in 9EPh verursacht eine im Vergleich zu Ph verringerte C_s Molekülsymmetrie (Identität und Spiegelung an horizontaler Reflexionsebene als einzige Symmetrieelemente). Symmetriebedingt sind vom Grundzustand ($^1A'$) prinzipiell höhere Zustände mit sowohl A' als auch A'' Symmetrie via Einphotonenabsorption erreichbar. Die berechnete Stärke des $S_1(A') \leftarrow S_0(A')$ Übergangs in 9EPh ist etwa um den Faktor 20 schwächer (!) als der äquivalente $S_1(A_1) \leftarrow S_0(A_1)$ Übergang in Ph. Dass dieser Übergang in 9EPh überhaupt sichtbar ist, könnte an einer Vibrationswechselwirkung mit dem nächsthöheren und im Vergleich zu Ph auch energetisch näher an S_1 herangerückten $S_2(A')$-Zustand liegen. Der zugehörige $S_2(A') \leftarrow S_0(A')$ Übergang, dessen Ursprungsbande in Ne bei 301 nm liegt, erscheint zudem, verglichen mit den anderen Übergängen, im Spektrum stärker, was auch durch die Rechnung bestätigt wird ($f = 0.202$). Die zuvor erwähnte Wechselwirkung könnte des Weiteren die Intensitätsverteilung des Vibrationsmusters in $S_1 \leftarrow S_0$ erklären. Dieses könnte alternativ auch durch eine geometrische Veränderung des Kerngerüstes in S_1 verursacht werden. Beim direkten Vergleich der Spektren von Ph und 9EPh werden Ähnlichkeiten bzgl. der Anordnung und Form der Banden augenscheinlich. Unterschiede fallen vor allem bei den energetisch niedrigsten elektronischen Übergängen auf, die von Positionsverschiebungen, genauer gesagt Rotverschiebungen im Molekül mit Seitenkette, sowie Intensitätsvariationen betroffen sind. Zusätzliche elektronische Übergänge in 9EPh durch die hinzugekommenen Elektronen der Seitenkette sind viel weiter im VUV, in etwa dem Absorptionsspektrum von Ethin (C_2H_2; siehe Wilkinson, 1958) entsprechend, zu erwarten.

Auf der rechten Seite von Abb. 3.3 werden des Weiteren die Absorptionsspektren von 9EPh in zwei verschiedenen Lösungsmitteln gezeigt. Infolge der Wechselwirkung der zu untersuchenden Moleküle mit dem Lösungsmittel verschmieren die in der Ne-Matrix aufgelösten Vibrationsmuster in breite Banden, die zudem stark rotverschoben sind. Die höhere Transparenz des Wassers im UV geht einher mit einer deutlich schlechteren Löslichkeit im Vergleich zum DCM, was sich, angedeutet durch die erhöhte Lichtstreuung, durch Clusterbildung, d.h. nicht vollständige Auflösung des 9EPh-Pulvers, bemerkbar macht.

3.2.2 Kleine PAHs bestehend aus 4 Benzolringen

Dieser Abschnitt soll verdeutlichen, dass insbesondere im Sichtbaren und nahen UV die elektronischen Spektren kleiner PAHs mit unterschiedlicher geometrischer Struktur mitunter gravierende Variationen aufweisen können, die sich letztendlich auf Aromatizitätsunterschiede sowie symmetriebedingte Auswahlregeln zurückführen lassen. Beispielhaft wird dies hier anhand der Moleküle Pyren ($C_{16}H_{10}$), Tetracen ($C_{18}H_{12}$) und Triphenylen ($C_{18}H_{12}$) erläutert, die zwar aus jeweils vier Benzolringen bestehen, deren Spektren jedoch sehr unterschiedlich sind (Abb. 3.4).

Das kompakte Pyren (D_{2h}) weist im für die MIS zugänglichen Spektralbereich drei starke Bandensysteme auf, die den elektronischen $S_2(B_{1u}) \leftarrow S_0(A_g)$, $S_4(B_{2u}) \leftarrow S_0(A_g)$ und $S_8(B_{1u}) \leftarrow S_0(A_g)$ Übergängen zugeordnet werden können (B3LYP/6-311G; Rouillé et al., 2004). Die Symmetriezuordnungen der Zustände beziehen sich auf die in Abb. 3.4 angegebene Orientierung des Moleküls. Die Nummerierung der Zustände S_4 und S_8 entspricht der energetischen Reihenfolge der TDDFT-Rechnung, die durchaus vom realen Molekül abweichen kann. Die berechneten Oszillatorstärken betragen $f = 0.284$ (S_2), $f = 0.291$ (S_4) und $f = 0.789$ (S_8). Die vorhergesagte, zum Blauen hin zunehmende Übergangsstärke wird im Matrixspektrum durch die ebenfalls zunehmende Breite der Banden etwas verschleiert[4]. Die vibronische Struktur erscheint auf dem ersten Blick recht simpel. Die Ursprungsbanden liegen in der Ne-Matrix bei 323.6 (S_2), 265.3 (S_4) sowie 232.8 nm (S_8). Daran schließen sich vibrationsangeregte Banden mit geringerer Intensität an, die hier nicht näher spezifiziert werden sollen. (Gewöhnlich sind dabei die totalsymmetrischen Moden am stärksten.) Bei Untersuchungen des $S_2 \leftarrow S_0$ Übergangs in einer kollisionsfreien Gasphasenumgebung mittels hochauflösender Laserspektroskopie (Ohta et al., 1987; Rouillé et al., 2004) fiel jedoch auf, dass jede Bande von einer komplizierten, in der MIS spektral nicht auflösbaren Substruktur durchsetzt ist, die durch vibronische Kopplungen mit dem energetisch nahe liegenden, aber sehr schwachen $S_1(B_{2u}) \leftarrow S_0(A_g)$ Übergang entstehen. Im Matrixexperiment lässt sich der erwähnte $S_1 \leftarrow S_0$ Übergang nur

---

[4]Die integrierte Stärke aller Banden eines elektronischen Überganges entspricht der Oszillatorstärke.

nach sehr langer Deposition anhand des in Abb. 3.4 bei 50facher Vergößerung dargestellten Vibrationsmusters erkennen, das sich schließlich um ein Vielfaches verstärkt in S_2 fortsetzt. Wie auch später noch zu sehen sein wird, entstehen solche komplizierten Strukturen häufig speziell bei eher kompakten PAHs, wenn viele elektronische Übergänge (auch wenn sie sehr schwach oder symmetrieverboten sind) auf einen engen spektralen Bereich eingeschränkt sind. Obwohl entsprechende Gasphasenexperimente bisher fehlen, dürfte sich diese Situation weiter im UV noch verschärfen, da die elektronische Zustandsdichte mit höheren Energien naturgemäß immer weiter ansteigt. Zudem sorgt die ansteigende Zustandsdichte für zusätzliche Relaxationskanäle und damit auch für eine deutliche Verringerung der Lebensdauer in höherenergetischen Zuständen, was sich durch eine, ebenfalls beim Pyren erkennbare, generelle Bandenverbreiterung bemerkbar macht. Anmerkend sei noch erwähnt, dass die DIBs keine derartigen Substrukturen (*intermediate level structure* = ILS) aufweisen.

Da Pyren sowohl in Ne als auch in Ar gemessen wurde, soll hier kurz die bereits in Abschnitt 2.1.2 angesprochene Extrapolation von mithilfe der MIS-Methode gemessenen Bandenpositionen auf die Gasphase diskutiert werden. Die in der Ne-Matrix bei 323.6 nm gefundene Ursprungsbande des $S_2 \leftarrow S_0$ Übergangs erscheint in Ar rotverschoben sowie deutlich verbreitert bei 330.6 nm. Salama & Allamandola (1993) haben für Pyren in Ne einen anderen Wert, 325.8 nm, gemessen, der jedoch, gerade in Anbetracht des veröffentlichten Spektrums mit ungewöhnlich verbreiterten Banden sowie unter Berücksichtigung der folgenden Diskussion, fehlerhaft sein muss. Ausgehend von Gleichung 2.3 lässt sich bei Kenntnis der Position einer Bande in zwei verschiedenen Matrizen (Ar und Ne) die in etwa zu erwartende Gasphasenposition über

$$\nu_{Vac} = \nu_{Ne} + \frac{\nu_{Ne} - \nu_{Ar}}{\frac{\alpha_{Ar}}{\alpha_{Ne}} - 1} \quad (3.1)$$

bestimmen. Das Verhältnis der Polarisierbarkeiten beträgt $\alpha_{Ar} \alpha_{Ne}^{-1} = 4.13$ (Radzig & Smirnov, 1985). Mit Hilfe dieser Extrapolation erhält man als ungefähre Position der $S_2 \leftarrow S_0$ Ursprungsbande in wechselwirkungsfreier Umgebung (Vakuum) 321.4 nm. Die tatsächliche Bandenposition lässt sich aufgrund des zuvor diskutierten, komplizierten ILS-Musters nicht exakt angeben. Der stärkste Peak in der Gasphase ist bei 320.9 nm (Rouillé et al., 2004) zu finden. Die gesamte Ursprungsbande erstreckt sich aber etwa von 320.4 bis 321.5 nm und liegt somit genau im von der Extrapolation prognostizierten Wellenlängenbereich.

Im Vergleich zu Pyren etwas übersichtlicher erscheint das Spektrum des ebenfalls D_{2h} symmetrischen Tetracens. Wie zuvor lassen sich drei elektronische Bandensysteme für $\lambda > 200$ nm erkennen, die jedoch energetisch stärker voneinander separiert sind. Bei langgezogenen (katakondensierten) PAHs, wie Tetracen, kann man generell elektronische Absorptionen weiter im Roten erwarten als bei vergleichbar großen, perikondensierten Molekülen. Die Ursprungsbande des erlaubten $S_1(B_{2u}) \leftarrow S_0(A_g)$ Übergangs ($f = 0.047$; B3LYP/6-311+G(d)) liegt in Ne beispielsweise schon im Sichtbaren bei 451 nm. Die stärksten Peaks der anderen beiden Übergänge zu Zuständen mit $^1B_{1u}$ Symmetrie sind bei 285 nm ($f = 0.001$ berechnet) und 260 nm ($f = 2.696$) zu finden. Bei Molekülen, die größer sind als Tetracen und durch Verlängerung mit zusätzlichen Benzolringen entstehen, verschieben sich die Banden noch weiter ins Langwel-

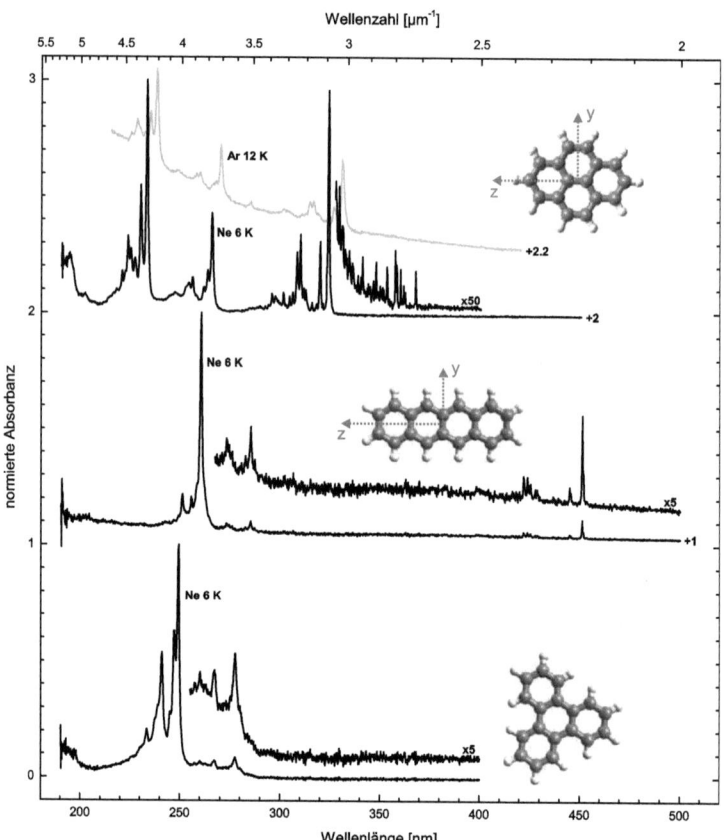

Abbildung 3.4: Absorptionsspektren von PAHs (in Ne bzw. Ar), die aus vier Benzolringen aufgebaut sind. Von oben nach unten: Pyren ($C_{16}H_{10}$), Tetracen ($C_{18}H_{12}$) und Triphenylen ($C_{18}H_{12}$).

lige. Das Absorptionsspektrum des Pentacens, das aus fünf aneinandergereihten Hexagonen besteht, ist beispielsweise vollkommen analog zum Tetracenspektrum was Intensitätsverhältnisse, Vibrationsmuster oder Zustandssymmetrien betrifft. Die im Vergleich zu Tetracen rotverschobene $S_1(B_{2u}) \leftarrow S_0(A_g)$ Ursprungsbande liegt bei 542.7 nm (Halasinski et al., 2000). Da unterhalb von $S_1 \leftarrow S_0$ kein weiterer Übergang vorhanden ist, kann man eine Feinstruktur (ILS), wie im Falle des Pyrens beobachten, ausschließen. Dies macht Moleküle wie Tetracen, Pentacen oder Hexacen (6 Ringe) zu scheinbar geeigneteren Kandidaten als DIB-Träger. Dazu trägt auch eine im Vergleich zur Ursprungsbande eher schwache Vibrationsstruktur bei, die wahrscheinlich ähnlich wie beim Naphthalen (2 Ringe; Salama & Allamandola, 1991) von totalsymmetrischen Moden dominiert wird. Allerdings stimmen die in der Gasphase gefundenen Bandenpositionen von Tetracen (van Herpen et al., 1987) und Pentacen (Salama et al.,

2011) nicht mit bekannten DIBs überein. Zudem deuten die interstellaren Emissionbanden im mittleren IR eher auf das Vorhandensein kompakter und nicht elongierter PAHs (Léger et al., 1989).

Triphenylen ist das kleinstmögliche der sogenannten *all-benzenoid* PAHs. Dieser Begriff bezeichnet Moleküle, die nur aus vollständigen Benzenringen aufgebaut sind. Im Falle des Triphenylens sind dies die äußeren drei Hexagone. Jeder dieser Ringe wäre für sich betrachtet ein vollständiges Benzolmolekül, allerdings wurden jeweils zwei Bindungen an H-Atome durch Bindungen an benachbarte Benzeneinheiten ersetzt. Diese molekulare Struktur scheint stabiler zu sein als die vergleichbar großer „normaler" PAHs (Troy et al., 2006). Zudem gehen damit Absorptionsbanden einher, die weiter im UV liegen, wie im entsprechenden Spektrum in Abb. 3.4 zu sehen ist. Die erhöhte Symmetrie des Triphenylen (D_{3h}) im Vergleich zu den zuvor besprochenen Molekülen sorgt des Weiteren für striktere Auswahlregeln, die elektronische Übergänge auf nur noch wenige Zustände (E', A_2'') zulassen. In der Gasphase konnte der energetisch niedrigste, im Rahmen der FC-Approximation verbotene $S_1(A_1') \leftarrow S_0(A_1')$ Übergang mittels laserinduzierter Fluoreszenz durch Kokkin et al. (2007) beginnend bei 334.8 nm gemessen werden (nicht im Matrixspektrum zu sehen). Diese Position (334.8 nm) wird nicht durch die Ursprungsbande, sondern durch eine hochangeregte Vibrationsbande (*false origin*) markiert. Nichttotalsymmetrische Vibrationen im S_1 Zustand können das Molekülgerüst derart deformieren, dass die D_{3h} Symmetrie in geringem Maße aufgebrochen wird und, wenn auch extrem schwach, elektronische Absorptionsbanden des eigentlich verbotenen Übergangs erkennbar werden (Herzberg-Teller-Theorie). Unter Vernachlässigung solcher Effekte 2. Ordnung erscheinen die ersten Banden im Spektrum durch Übergänge auf $^1E'$ Zustände bei 277.4 nm ($f = 0.004$; B3LYP/6-311+G(d)), 249.1 nm ($f = 0.828$) und (eventuell) 241 nm ($f = 0.648$). Betrachtet man das in Abb. 3.4 direkt darüber liegende Tetracenspektrum, so fällt die Ähnlichkeit mit dort vorhanden Banden in vergleichbarer energetischer Position auf, was jedoch eher zufälligen Ursprungs sein dürfte.

3.2.3 PAHs mit D_{6h}-Symmetrie

Die für PAHs höchstmögliche Molekülsymmetrie D_{6h} findet sich bei Coronen ($C_{24}H_{12}$; Cor) und Hexa-peri-hexabenzocoronen ($C_{42}H_{18}$; HBC) wieder, deren Matrixspektren in Abb. 3.5 gezeigt werden. Bei der mit Cor dotierten Matrix wurde das gelbliche Cor-Pulver durch Laserverdampfung (statt thermischer Verdampfung) in die Gasphase gebracht, um zu testen, ob sich diese Verdampfungsmethode beim verwendeten Aufbau für die MIS von PAHs eignet. Die später in Abschnitt 3.3.3 gezeigten Spektren von PAH-Mischungen wurden anschließend ebenfalls mittels Laserverdampfung hergestellt.

Aus der hohen D_{6h}-Grundzustandssymmetrie folgen im Rahmen der FC-Approximation Auswahlregeln, die elektronische Übergänge auf die meisten unbesetzten Zustände untersagen. Lediglich Niveaus mit A_{2u} oder E_{1u} Symmetrie können vom Grundzustand ($^1A_{1g}$) aus erreicht werden. Die im Cor-Spektrum sichtbaren Banden im Bereich 260 bis 340 nm gewinnen einzig aufgrund des $S_3(E_{1u}) \leftarrow S_0(A_{1g})$ Übergangs ($f = 1.306$; B3LYP/6-311++G(2d,p)) an Intensität.

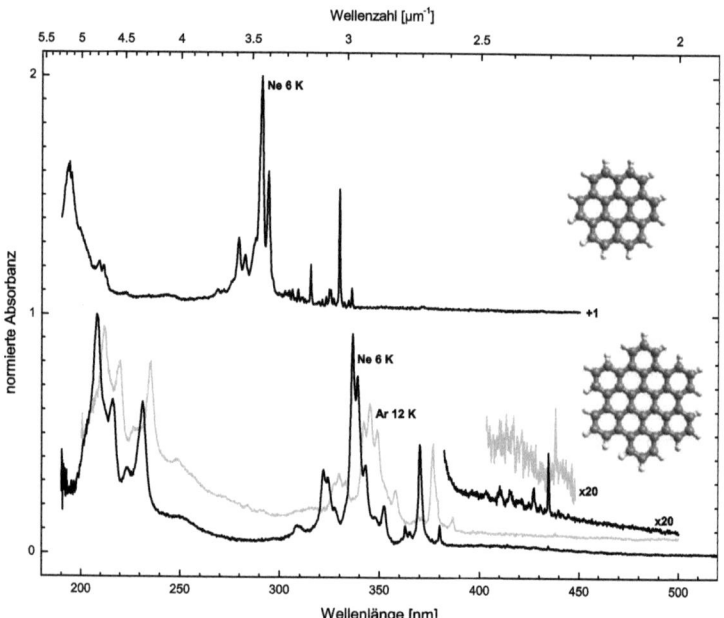

Abbildung 3.5: Absorptionsspektren von PAHs mit D_{6h}-Symmetrie, die in Ne- bzw. Ar-Matrizen isoliert wurden: Cor ($C_{24}H_{12}$; oben) und HBC ($C_{42}H_{18}$; unten).

Dabei ist ein komplexes Vibrationsmuster zu erkennen, das sich in analoger Form, jedoch deutlich rotverschoben, zwischen etwa 300 und 385 nm und mit zudem verbreiterten Banden im HBC-Spektrum wiederfinden lässt. Genauere Untersuchungen des größeren HBC-Moleküls haben den grundlegenden Mechanismus hinter dieser Absorptionsstruktur aufgedeckt (siehe Rouillé et al., 2009).

HBC gehört, wie das bereits vorgestellte Triphenylen, zu den *all-benzenoid* PAHs, so dass es aufgrund einer daraus resultierenden erhöhten Stabilität (Troy et al., 2006) sowie seiner Größe (42 C-Atome) vergleichsweise häufig im All vorkommen könnte. Das hier gezeigte Spektrum von HBC in Ne unterscheidet sich von dem bereits veröffentlichten Spektrum (Rouillé et al., 2009) lediglich hinsichtlich des schwachen $S_1(B_{2u}) \leftarrow S_0(A_{1g})$ Übergangs, der jetzt aufgrund einer länger durchgeführten Matrixdeposition besser zu erkennen ist. Der erste Peak dieses eigentlich verbotenen Übergangs wird durch eine nicht näher spezifizierte Vibrationsbande verursacht und liegt in Ne bei 434.4 nm sowie in Ar bei 438.0 nm. Der mit Hilfe von Gleichung 3.1 extrapolierte Wert für die Gasphase beträgt 433.3 nm. Unter Berücksichtigung der Ungenauigkeiten dieser Extrapolationsmethode (siehe dazu Gredel et al., 2011) ist dies in guter Übereinstimmung mit dem experimentell bestimmten Wert (433.5 nm) von Kokkin et al. (2008), die mit Hilfe der *resonant two-color two-photon ionization* (R2C2PI) Technik den extrem schwachen $S_1 \leftarrow S_0$ Übergang untersucht haben. Eine Übereinstimmung mit einer DIB-Absorption konnte in dieser Untersuchung nicht gefunden werden, was in Anbetracht der Schwäche dieses Übergangs auch nicht zu erwarten war. Da es sich bei der R2C2PI nicht um eine direkte Methode zur Absorptionsmessung handelt, unterscheiden sich die relativen Bandenintensitäten von dem hier gezeigten Spektrum. Die stärkste HBC-Bande bei 336.4 nm in Ne, bzw. extrapoliert bei 334.6 nm im Vakuum, wurde verwendet, um nach diesem Molekül im ISM zu suchen (Gredel et al., 2011). Eine entsprechende Absorptionsbande bei etwa 334.6 nm konnte in den interstellaren Spektren jedoch nicht gefunden werden, weshalb relativ niedrige fraktionelle Häufigkeiten spezifischer PAHs, wie in diesem Fall HBC, geschlussfolgert wurden (Gredel et al., 2011). Ein Problem bei derartigen Häufigkeitsabschätzungen besteht jedoch darin, dass lediglich die Stärke des Rauschens (der Spektren) berücksichtigt wird, während die Extinktion im Untergrund vernachlässigt wird. Insbesondere im UV-Bereich ist jedoch die interstellare Extinktion besonders stark ausgeprägt (siehe Abschnitt 1.1), wobei zumindest ein Teil dieser Extinktion auch durch absorbierende Moleküle verursacht wird. Eine ausreichend hohe Anzahl verschiedener Absorber mit jeweils leicht voneinander verschobenen Resonanzen vorausgesetzt, wird man ab einem gewissen Punkt keine einzelnen Moleküle mehr nachweisen können und stattdessen nur eine kontinuierliche Absorptionskurve messen. Diese Problematik wird später bei der Untersuchung von PAH-Mischungen vertieft (Kapitel 3.3).

Der zuletzt angesprochene, in Ne stärkste Peak bei 336.4 nm wird vom $S_4(E_{1u}) \leftarrow S_0(A_{1g})$ Übergang ($f = 1.392$; B3LYP/6-311++G(2d,p)) verursacht. Die angegebene Nummerierung der Zustände entspricht wie zuvor der vorhergesagten Reihenfolge der TDDFT-Rechnung. Der S_4 Zustand könnte im realen Molekül auch der S_3 Zustand sein (Rouillé et al., 2009). Die Intensität dieses Übergangs ist über ein kompliziertes Vibrationsmuster verteilt, das sich zum einen aus a_{1g} Vibrationsmoden des $^1E_{1u}$ Zustandes sowie zum anderen aus hochangeregten Schwingungen eines energetisch tiefer liegenden $^1B_{1u}$ Zustandes zusammensetzt, dessen stärkster Peak bei 369.9 nm (Ne) zu sehen ist. In ähnlicher Weise wie beim äußerst schwachen $S_1 \leftarrow S_0$ Übergang wird infolge vibronischer Wechselwirkung Intensität vom $^1E_{1u}$ Zustand auf $S_2(B_{1u}) \leftarrow S_0(A_{1g})$ übertragen. Die Ursprungsbande sowie nachfolgende Vibrationen von $S_4(E_{1u}) \leftarrow S_0(A_{1g})$ sind wiederum von den hochangeregten, energetisch eng separierten Schwingungsbanden von $^1B_{1u}$ durchzogen. Für eine vertiefende spektroskopische Auswertung und Interpretation sei auf die Publikation (Rouillé et al., 2009) verwiesen. Die weiter im UV anzutreffenden Banden ($\lambda < 250$ nm) spielen später noch eine Rolle (Kapitel 3.4) und werden hier nicht weiter diskutiert.

Die durch vibronische Kopplung verursachte und in der Matrix nicht vollständig aufgelöste ILS, wie sie für HBC nachgewiesen wurde, scheint auch im ähnlich aufgebauten Cor zu wirken, was man anhand der vergleichbaren spektralen Muster erkennen kann. Absorptionsbanden von PAHs, die derart komplizierte Muster aufweisen, lassen sich selbstverständlich nicht mit den DIBs in Verbindung bringen. Aufgrund zunehmender Übergangszustandsdichten im Sichtbaren dürfte sich dieses Problem bei noch größeren Molekülen verschärfen, was die Frage aufwirft, ob große PAHs, die man anhand ihrer Emission im Infraroten nachgewiesen hat ($\gtrsim$

50 C-Atome), überhaupt als Träger der DIBs in Betracht gezogen werden sollten.

3.2.4 PAHs mit irregulärer Geometrie

Unter PAHs mit irregulärer Geometrie sind aromatische Moleküle zu verstehen, deren C-Kerngerüst nicht der sonst typischen Bienenwabenstruktur überlagert werden kann, da beispielsweise fünfgliedrige C-Ringe (Pentagone) vorhanden sind. Dies kann, wie im Falle des Corannulens ($C_{20}H_{10}$; Punktgruppe C_{5v}), zu einer schalenförmigen Struktur führen (siehe Abb. 3.6 oben). Corannulen kann man sich auch als Fragment des Fullerens C_{60} vorstellen, dessen offene Bindungen am Rand durch H-Atome abgesättigt sind. Cami et al. (2010) haben kürzlich die neutralen Fullerene C_{60} und C_{70} anhand der charakteristischen IR-Emission in einem planetaren Nebel nachgewiesen. Infolge der gekrümmten Struktur besitzt Corannulen im Gegensatz zu den meisten anderen PAHs ein relativ starkes permantes elektrisches Dipolmoment von etwa 2.3 Debye (B3LYP/6-311G), das entlang der C_5-Symmetrieachse gerichtet ist. Aufgrund des daraus resultierenden Rotationsspektrums eignet es sich für einen möglichen astrophysikalischen Nachweis im Radiobereich. Erste Untersuchungen der Molekülwolke TMC-1 brachten jedoch dahingehend keinen Erfolg (Thaddeus et al., 2006). Eine kürzlich durchgeführte ausführlichere Studie des Roten Rechtecknebels mit dem Ziel, den unter den vorherrschenden Bedingungen starken $J = 135 \leftarrow 134$ Übergang (Emission) bei 137.615 GHz nachzuweisen, blieb ebenfalls ergebnislos (Pilleri et al., 2009). Ausgehend von theoretischen Intensitätsbetrachtungen sowie unter Berücksichtigung diverser Annahmen wurde eine äußerst geringe Corannulen-Häufigkeit geschlussfolgert (max. C-Anteil in $C_{20}H_{10}$ von etwa 10^{-5} relativ zur totalen C-Häufigkeit in PAHs). Anzumerken ist, dass diese Untersuchung zu dem Schluss kommt, dass Corannulen unter den Bedingungen des beobachteten Bereichs des Roten Rechtecknebels nicht durch interstellare Strahlung zerstört wird und stattdessen als stabiles Molekül vorhanden sein könnte.

Die Absorptionsspektren von Corannulen in Ar und Ne sind in Abb. 3.6 dargestellt. Die im Ar-Spektrum erkennbare, erhöhte Streuung wird durch die Matrixatome verursacht. Ein Spektrum von Corannulan in Ar ohne Streuuntergund kann zusammen mit IR- und Ramanspektroskopischen Untersuchungen in einer aktuellen Veröffentlichung gefunden werden (Rouillé et al., 2008). Im UV-Spektrum erscheinen (in Ne) am deutlichsten zwei Banden bei etwa 281 sowie 247.2 nm, die den $S_5(E_1) \leftarrow S_0(A_1)$ ($f = 0.571$; B3LYP/6-311G) und $S_6(E_1) \leftarrow S_0(A_1)$ ($f = 0.391$) Übergängen zugeordnet werden können und die auf ihrer jeweils blauen Seite von weiteren Vibrationsbanden begleitet werden. (Im Falle der 281 nm Bande ist nur eine breite Schulter bei etwa 269 nm zu erkennen.) Die scharfe Bande bei 247.2 nm liegt im Spektrum der Ar-Matrix bei 249.6 nm und sollte in der Gasphase bei etwa 246.4 nm zu finden sein. Der wesentlich schwächere $S_4(E_1) \leftarrow S_0(A_1)$ Übergang (mit ebenfalls breiter Bande; $f = 0.012$) erscheint in Ne bei etwa 312.5 nm. In Ar wurde, neben einer Bande bei 317.75 nm, zudem noch eine weitere bei 333.75 nm gefunden (Rouillé et al., 2008), die den Ursprung dieses Übergangs markieren könnte. Bis ungefähr 400 nm sollten darüber hinaus drei weitere, symmetrieverbotene elektronische Übergänge zu Zuständen mit A_2- bzw. E_2-Symmetrie liegen.

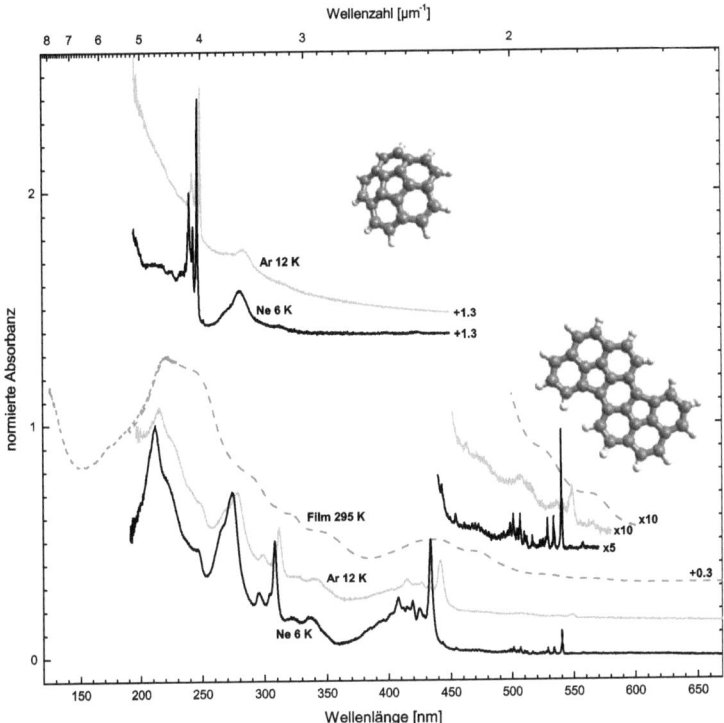

Abbildung 3.6: Absorptionsspektren von Corannulen ($C_{20}H_{10}$; oben) und DBR ($C_{30}H_{14}$; unten) in Ar- und Ne-Matrizen. Das Absorptionsspektrum eines auf CaF_2 abgeschiedenen DBR-Films, gemessen bis in den VUV-Bereich, ist ebenfalls abgebildet.

Insbesondere die Breite der Bande bei 281 nm von etwa 1500 cm^{-1} kann wohl kaum allein durch die Wechselwirkung der Corannulenmoleküle mit den Matrixatomen erklärt werden. Bereits Barth & Lawton (1971) haben bei der Untersuchung des UV-Spektrums von bei Raumtemperatur in Ethanol gelöstem Corannulen angemerkt, dass derart breite Banden ohne Feinstruktur charakteristisch für eine Reihe aromatischer Moleküle mit verzerrter (*strained*, nicht perfekt hexagonaler) Struktur sind. Beispielsweise zeigt im UV-Bereich das Fulleren C_{60} sowohl in Lösungsmittel und Edelgasmatrix als auch in der Gasphase bis zu 1700 cm^{-1} breite Absorptionsbanden (Sassara et al., 2001). Eine Variation der Bandenbreite in den verschiedenen Medien, die zudem einen breiten Temperaturbereich von 4 bis 300 K abdecken, ist dabei kaum zu erkennen, weshalb (wie auch für Corannulen) ein intrinsischer Verbreiterungsmechanismus wirken muss. Als mögliche Mechanismen kämen zum einen sehr schnelle intramolekulare Zerfallsprozesse der angeregten Zustände, insbesonders solche, die durch Wechselwirkung mit energetisch tiefer liegenden elektronischen Zuständen zu Stande kommen, in Frage.

Alternativ könnte beispielsweise eine sog. Franck-Condon-Vibrationsverbreiterung bei Übergängen wirken, deren Geometrie im angeregten Zustand stark von der im Grundzustand abweicht, wodurch zusätzliche Übergänge auf eigentlich symmetrieverbotene Vibrationsbanden eine Übervölkerung (*congestion*) der sonst spektral auflösbaren Vibrationsstruktur bewirken (Sassara et al., 2001). Unter Umständen lässt sich in diesem Fall eine Substruktur nur noch in der Gasphase mittels hochauflösender Laserspektroskopie erkennen. Für die Corannulenbande bei 281 nm wurden jedoch keine scharfen Banden bei Untersuchungen mittels CRDS gefunden (Rouillé et al., 2008). Ähnlich breite Banden wurden im Verlauf dieser Arbeit auch für kationische Moleküle (PAHs und Diamantoide; Abschnitt 3.4.4 und Kapitel 4) sowie für C-Radikale (z.B. C_9; Abb. A.7 in Anhang A.1) gefunden. Ob die Verbreiterungsmechanismen in den erwähnten Fällen immer von gleicher Natur sind, bedarf ausführlicherer Untersuchungen und kann hier nicht geklärt werden. Beispielsweise deuten im Falle des C_9 Messungen in der Gasphase darauf hin, dass die Verbreiterung durch einen äußerst kurzlebigen (< 1 ps!) elektronisch angeregten Zustand verursacht wird (Boguslavskiy & Maier, 2006).

Das zweite in diesem Abschnitt vorgestellte Molekül ist Dibenzorubicen ($C_{30}H_{14}$; DBR; Punktgruppe C_{2h}), das man sich als planares C_{70}-Fragment vorstellen kann. Da die beiden fünfzähligen C-Ringe nicht geschlossen von Hexagonen umgeben sind, tritt bei DBR keine Krümmung auf. Der zentrale Sechserring wird dabei jedoch stärker deformiert, was anhand der in Abb. 3.6 gezeigten optimierten Struktur (B3LYP/6-311++G(2d,p)) deutlich zu erkennen ist. Auch bei diesem Molekül erscheinen im Matrixspektrum einige breite Banden. Anders als beim Corannulen haben in DBR die ersten zwei Übergänge von Null verschiedene Oszillatorstärken. Die einzigen spektral wirklich scharfen Banden werden durch den elektronischen $S_1(B_u) \leftarrow S_0(A_g)$ ($f = 0.016$; B3LYP/6-311G++G(2d,p)) Übergang verursacht, dessen Ursprungsbande in Ne bei 540 nm und in Ar deutlich verbreitert bei 548.4 nm liegt bzw. in der Gasphase bei (537.4 ± 0.8) nm zu finden sein sollte. Der schwache Peak bei 559 nm (in Ne) geht auf eine Unreinheit der Probe zurück. Eine mögliche Zuordnung der Vibrationsbanden sowie hier nicht vorgestellte IR-spektroskopische Untersuchungen an DBR sind in einer entsprechenden Publikation zu finden (Rouillé et al., 2011).

Die $S_2(B_u) \leftarrow S_0(A_g)$ ($f = 0.088$) Ursprungsbande bei 434 nm (in Ne) zusammen mit dem zugehörigen Vibrationsmuster ist im DBR-Spektrum der äußerst breiten Bande des $S_4(B_u) \leftarrow S_0(A_g)$ ($f = 0.300$) Übergangs zwischen 360 und 440 nm (Max. bei ca. 410 nm) überlagert. Auch die weiter im UV erkennbaren Banden lassen sich B_u-Zuständen zuordnen. Dazwischen befinden sich zudem zahlreiche symmetrieverbotene Übergänge auf A_g-Zustände sowie (unterhalb von etwa 250 nm) schwache Übergänge auf A_u-Zustände. Die bereits beim Corannulen diskutierte (intrinsische) Bandenverbreiterung ist auch bei Banden des DBR-Moleküls zu beobachten. Darüber hinaus scheint eine Verstärkung dieser Verbreiterung hin zu kürzeren Wellenlängen[5] ein genereller Effekt zu sein, der sich bei größeren Molekülen (siehe z.B. auch HBC) und, damit verbunden, erhöhten Übergangszustandsdichten zudem noch deutlicher manifestiert. Eine Vielzahl energetisch tiefer liegender Zustände begünstigt die Verbreiterung von Banden

---

[5]Dieser Effekt wird in Abb. 3.6 etwas durch die nm-Skalierung verschleiert.

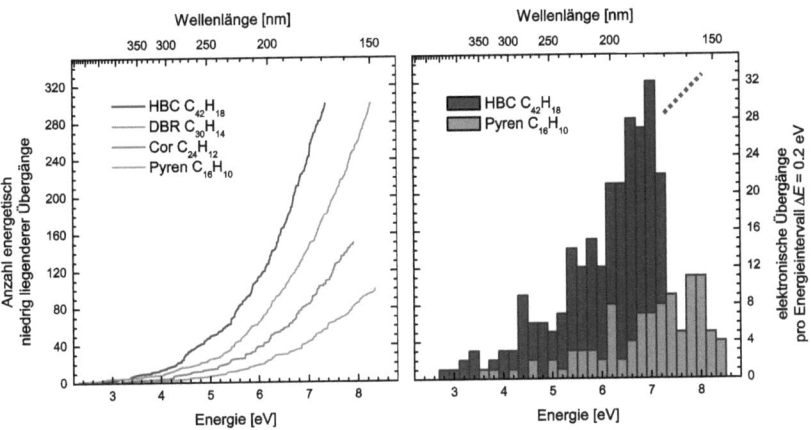

Abbildung 3.7: Links: Anzahl energetisch tiefer liegender Zustände für verschieden große PAHs. Rechts: Anzahl elektronischer Übergänge pro Energieintervall ΔE von HBC und Pyren. Da es sich bei PAHs um finite Systeme handelt, wurde ein endliches $\Delta E = 0.2$ eV gewählt, um die „Übergangszustandsdichten" zu verdeutlichen.

eines elektronischen Zustandes, da sie zum einen eine Übervölkerung der Vibrationsstruktur bis hin zur Auflösungsgrenze des Experiments bewirken können (z.B. ILS) sowie zum anderen eine Vielzahl an Abregungskanälen öffnen, was die Lebensdauer im angeregten Zustand zu reduzieren vermag. Um die Zustandsdichte elektronischer Übergänge für unterschiedlich große Moleküle anschaulich zu verdeutlichen, sind in Abb. 3.7 für hier bereits besprochene PAHs die Anzahl der energetisch niedrigeren elektronischen Übergänge (links) sowie deren spektrale Dichte (rechts) über der Energie aufgetragen. In Anbetracht der hohen Zustandsdichte beispielsweise von HBC bereits im nahen UV erscheint es erstaunlich, dass das elektronische Spektrum für $\lambda > 190$ nm lediglich von zwei starken „Bandensystemen" (380–305 sowie 235–195 nm; siehe Abb. 3.5) dominiert wird. Einzig die restriktiven symmetriebedingten Auswahlregeln sorgen letztendlich für eine Überschaubarkeit des Absorptionsspektrums.

Bisher nicht angesprochen wurde das ebenfalls in Abb. 3.6 dargestellte Spektrum des DBR-Films, der durch thermische Verdampfung des DBR-Pulvers und anschließende Kondensation auf einem 7 K kalten CaF_2-Fenster hergestellt wurde. Dadurch entsteht ein gleichmäßig dünner PAH-Belag mit amorpher Struktur. Beim Erwärmen der Probe auf Raumtemperatur verschieben sich die Moleküle in energetisch günstigere Positionen, was mit leichten Rotverschiebungen und Bandenverbreiterungen einhergehen kann. Beim DBR-Film ist dieser Effekt nicht besonders stark ausgeprägt - er tritt erst nach mehreren Stunden bei Zimmertemperatur auf. Die Qualität des filmartigen Belags ist dabei hoch genug, um praktisch auch bei sehr kurzen Wellenlängen Lichtstreuung zu vermeiden. Mit einer derartigen, auch außerhalb der Vakuumkammer handhabbaren, Probe lässt sich daher die Absorption des Moleküls trotz starker Bandenverbreiterung im Vergleich zur Matrix bis in den VUV-Bereich (bis etwa 125 nm) analysieren. Auf transparenten Fenstern abgeschiedene, dünne PAH-Filme werden in Kapitel 3.3 noch eine Rolle spielen.

3.2.5 PAH-Fluoreszenz

Zum Abschluss dieses Kapitels wird am Beispiel des zuletzt besprochenen PAHs DBR der Abregungsprozess beleuchtet, der das Molekül nach Photonenabsorption wieder in den Ausgangszustand überführt. DBR wurde bei Raumtemperatur in Dichlormethan (DCM) gelöst und mit Laserlicht zweier verschiedener Wellenlängen (226 und 532 nm) angeregt. Die Anregung erfolgte dabei gepulst (Nd:YAG, 10 Hz) und die Intensität war niedrig genug, so dass keine Sättigungseffekte auftraten. Die entsprechenden Photolumineszenz(PL)-Spektren sind in Abb. 3.8 dargestellt. Die spektrale Auflösung des PL-Spektrometers betrug etwa 8 nm. Bei beiden Anregungswellenlängen besteht die PL aus einer breiten Emissionsbande mit zwei Maxima bei etwa 560 und 600 nm. Eine Schulter ist bei ca. 660 nm zu sehen. Bei etwa 490 nm liegt bei Anregung mit 266 nm eine schwächere Bande, die naturgemäß bei der Anregung mit den längerwelligen Photonen fehlt. Als weiteren Unterschied zwischen den beiden PL-Kurven ist eine bei 266 nm Anregung deutlicher hervortretende Lücke, die sich zwischen den beiden stärksten Peaks befindet, auszumachen. Messungen der Emissionslebensdauer bei verschiedenen Wellenlängen (nach 266 nm Anregung) lieferten sehr kurze Zerfallszeiten von etwa 5 ns bei 490 nm sowie 15 ns bei 560 und 600 nm.

Zum Vergleich ist des Weiteren das Absorptionsspektrum von DBR in DCM abgebildet. Aufgrund der energetischen Nähe der Emissionsbanden zur $S_1 \leftarrow S_0$ Absorption kann die PL in DBR mit Photonenemission von S_1 ($S_1 \rightarrow S_0$) verbunden werden. Sobald die HOMO-LUMO-Bandlücke überwunden ist, spielt die Absorptionswellenlänge für die PL im Sichtbaren offensichtlich eine untergeordnete Rolle, da bei höherenergetischen Anregungen das Molekül erst *nichtstrahlend*[6] innerhalb S_1 in niedrigliegende Vibrationsniveaus relaxiert. Das bedeutet, dass abgesehen von Wechselwirkungseffekten durch das Lösungsmittel das PL-Spektrum auch unter anderen Bestrahlungsbedingungen, wie beispielsweise im All vorkommender kontinuierlicher UV-Bestrahlung, den gleichen Wellenlängenbereich abdeckt. Die hier erkennbaren, geringen Unterschiede zwischen beiden Anregungsenergien lassen sich darauf zurückführen, dass bei 532 nm direkt in einen energetisch niedrigen Vibrationszustand von S_1 angeregt wird.

Für im All vorkommende PAHs mit durchschnittlich etwa 50 C-Atomen (und mehr) sind kleinere HOMO-LUMO-Lücken zu erwarten. Auch wenn einige Spezies bereits von S_2 ausgehend leuchtend relaxieren sollten, wie es für einige wenige Moleküle beobachtet wurde, wird im Mittel die Fluoreszenz weiter im Roten liegen als die des hier gezeigten DBR-Moleküls. Daher scheint es im ersten Moment plausibel, die beobachtete ERE im Bereich 550–800 nm

---

[6]Für ein isoliertes, z.B. im ISM vorkommendes Molekül erfolgt diese Abregung via IR-Emission; also strenggenommen nicht strahlungslos. Im Lösungsmittel besteht die Möglichkeit, dass überschüssige Energie zudem an die Lösungsmittelmoleküle übertragen wird.

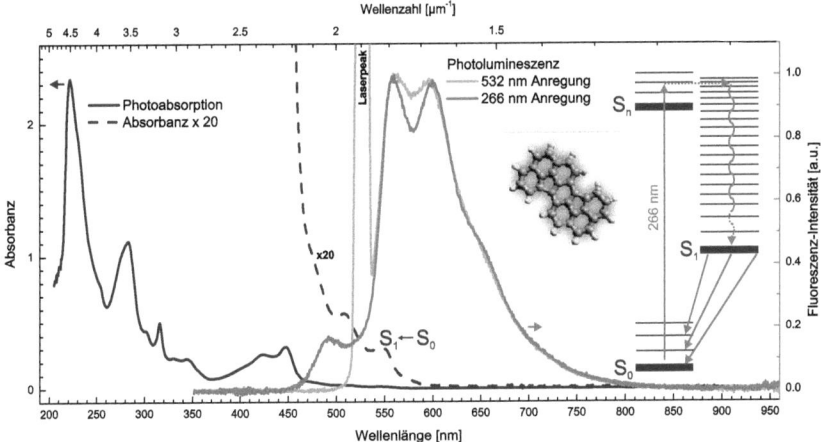

Abbildung 3.8: Photolumineszenz von DBR, das in DCM gelöst und mit Laserlicht der Wellenlängen 266 und 532 nm angeregt wurde. Zum Vergleich ist das Absorptionsspektrum von in DCM gelöstem DBR abgebildet.

(Witt & Boroson, 1990) mit den im ISM vorkommenden großen PAHs zu verknüpfen. Ergänzend sei zudem erwähnt, dass einfach ionisierte PAHs mit offener Schalenstruktur (wie auch die meisten anderen Moleküle mit nicht abgeschlossenen Orbitalen) nichtstrahlend auf den Dublett-Grundzustand relaxieren können, wodurch die PL-Quantenausbeute äußerst niedrig ist. Deshalb kommen PAH-Kationen bzw. -Anionen nicht als ERE-Träger in Betracht (Witt et al., 2006). Aktuell werden neben einer Reihe anderer Materialien auch einfach positiv geladene PAH-Dimere sowie Dikationen mit jeweils voll besetzten Molekülorbitalen als Verursacher der ERE diskutiert (Rhee et al., 2007).

3.3 Herstellung und Spektroskopie von PAH-Mischungen

Während zuvor die spektroskopischen Eigenschaften einzelner Moleküle diskutiert wurden, behandelt dieses Kapitel Mischungen aus einer Vielzahl verschiedener PAH-Strukturen, die im astrophysikalischen Kontext eine höhere Relevanz haben. Die bereits erlangten Erkenntnisse werden sich als hilfreich bei der Interpretation der in Abschnitt 3.3.3 präsentierten Spektren erweisen. Zuvor werden jedoch in Abschnitt 3.3.1 die hergestellten PAH-Mischungen mit anderen experimentellen Methoden (als der MIS) charakterisiert sowie in Abschnitt 3.3.2 theoretische Vorhersagen für die Absorptionseigenschaften von PAH-Mischungen getroffen. Die vorgestellten Ergebnisse wurden zum Teil veröffentlicht (Steglich et al., 2010).

Tabelle 3.1: Synthesebedingungen für die in Abb. 3.9(a) gezeigten Proben.

Kondensatfarbe	Laserpower	Gesamtdruck	Gasfluss C_2H_4	Gasfluss $Ar_{confine}$
gelb	64 W	500 mbar	40 sccm	1050 sccm
braun	64 W	750 mbar	60 sccm	1500 sccm
schwarz	64 W	1000 mbar	70 sccm	1750 sccm

3.3.1 Laserpyrolyse und Analyse des Kondensats

In Abschnitt 2.1.1 wurde bereits die Laserpyrolyse, inklusive anschließender chemischer Extraktion, als gewählte Herstellungsmethode für größere PAHs vorgestellt. Durch Variation der Prozessparameter, wie Druck und Gasfluss oder Intensität des Lasers, lassen sich die Bedingungen so einstellen, dass im Wesentlichen PAHs sowie aus PAHs aufgebaute Rußteilchen gebildet werden. Da sich die Intensität des verwendeten CO_2-Lasers nur in begrenztem Maße variieren lässt, wird das Verhältnis aus molekularen, in Methanol oder DCM löslichen Komponenten und unlöslichen Nanopartikeln hier hauptsächlich durch den eingestellten Gesamtdruck bestimmt. In Abb. 3.9(a) sind die im (kreisrunden) PTFE-Filter aufgefangenen Kondensate abgebildet. Die experimentellen Bedingungen, unter denen diese Kondensate in der Laserpyrolyse hergestellt wurden, werden in Tabelle 3.1 aufgelistet. Je nach Rußanteil variiert deren Farbe von gelb über braun bis hin zu schwarz. Die bei 500 und 750 mbar hergestellten Proben enthalten zu einem Großteil (etwa 90%) lösliche Komponenten. Verstärkte Agglomeration bzw. Clusterbildung sowie eine dichte Belegung des Filters sorgen dabei im zweiten Fall für die eher bräunliche Färbung. Das PL-Spektrum des auf dem Filter gesammelten Kondensats (500 mbar) ist ebenfalls in Abb. 3.9(a) dargestellt. Der PTFE-Filter fluoresziert dabei nicht selbst. Wie bereits angesprochen, kann die PL von PAHs mit die HOMO-LUMO-Lücke überspringenden, elektronischen $S_1 \rightarrow S_0$ Übergängen erklärt werden. Da sich die Bandlücke mit Anwachsen der Moleküle dem Grenzfall Graphen entgegenstrebend zu schließen beginnt, ist für größere PAHs folglich eine weiter ins Rote verschobene PL zu erwarten. Das Maximum der in Abb. 3.9(a) gezeigten Fluoreszenz liegt bei 540 nm. Ausläufer des PL-Spektrums reichen bis ca. 900 nm. Dementsprechend große Moleküle sind in der hergestellten Mischung zu erwarten (vgl. dazu auch die Fluoreszenz von DBR). Bei etwa 400 nm ist eine Seitenbande zu erkennen, die auf Drei- bis Fünfringsysteme schließen lässt, wie der Vergleich mit den in Abb. 3.9(d) dargestellten Spektren einzelner PAHs verdeutlicht. Da der Dampfdruck solcher Moleküle bereits bei Raumtemperatur recht hoch ist, ist nach einigen Tagen Lagerzeit ein Schwund der angesprochenen Seitenbande zu beobachten.

Wird das auf dem Filter gesammelte Kondensat in DCM gelöst und die PL der dadurch gewonnenen Lösung gemessen (Abb. 3.9(b), schwarze Kurve), so erhält man im Vergleich zur im PTFE-Filter gesammelten Probe ein deutlich blauverschobenes Spektrum. Diese starke Verschiebung kann nicht durch Wechselwirkungseffekte allein erklärt werden. Vielmehr sind die Löslichkeiten der einzelnen Komponenten der Mischung derart von der Molekülgröße abhängig, dass vermehrt die kleineren PAHs in Lösung gehen. Ausführliche HPLC-Untersuchungen

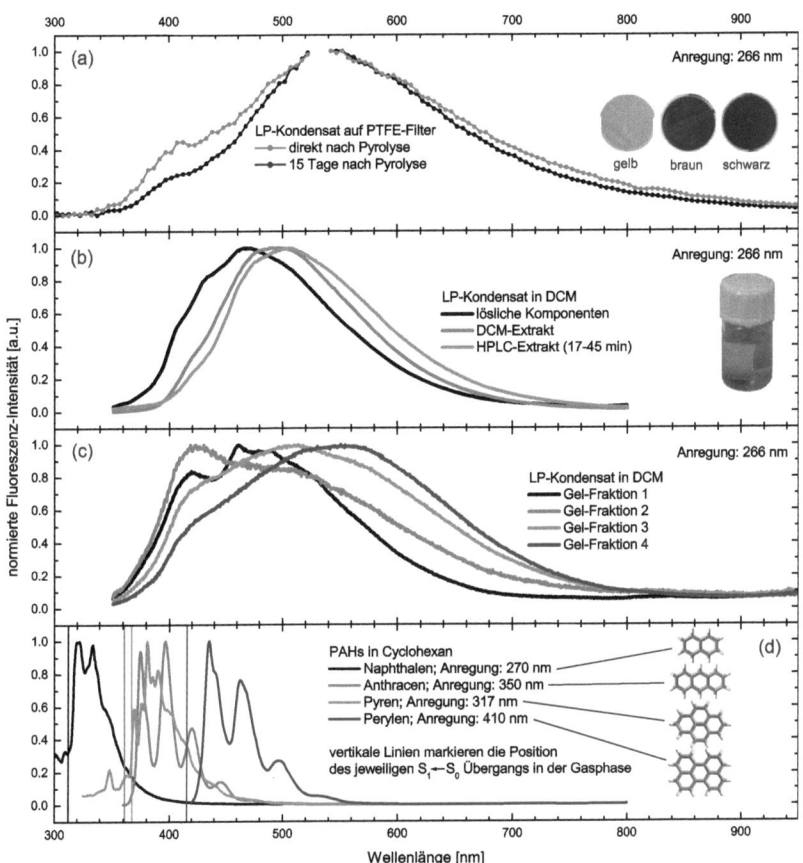

Abbildung 3.9: (a) Photolumineszenzspektrum des auf PTFE-Filter aufgefangenen Kondensats aus der Laserpyrolyse. Die gesammelten PAH-Ruß-Mischungen wurden unter den in Tabelle 3.1 aufgelisteten Bedingungen hergestellt. Um für eine stabile Pyrolyseflamme zu sorgen, mussten die Gasflüsse bei unterschiedlichen Gesamtdrücken leicht variiert werden. (b+c) Diverse extrahierte, in DCM gelöste Komponenten des LP-Kondensats. (d) Fluoreszenz verschiedener spezieller PAHs (Berlman, 1971), die in Cyclohexan gelöst wurden. Die Wellenlänge des anregenden Lasers ist jeweils angegeben.

haben gezeigt, dass die PAH-Verteilung im Lösungsmittel immer in etwa die Gleiche ist[7] - unabhängig von den Kondensationsbedingungen, unter denen das Rußkondensat hergestellt wurde. Merkliche Unterschiede sind evtl. erst bei sehr hohen Temperaturen in der Kondensationszone zu erwarten, wenn der graphitische Charakter des Rußes verschwindet und statt PAHs fullerenartige Moleküle und Nanoteilchen entstehen (siehe dazu auch die Publikation von Jäger et al., 2009).

Dass dennoch größere PAHs in Lösung gehen (wenn auch in geringen Mengen), wird durch die PL-Kurven der diversen Extrakte impliziert (Abb. 3.9(b,c)). Beim DCM-Extrakt wurden kleine, in Methanol lösliche Komponenten teilweise mit Hilfe eines Soxhlet-Verfahrens entfernt, so dass im übriggebliebenen Extrakt wieder größere Moleküle angereichert vorliegen. Da bei der HPLC gewöhnlich die kleineren Moleküle die Säule schneller durchlaufen, kann man sie in begrenztem Maße auch auf diese Weise, d.h. durch HPLC-Fraktionierung, entfernen. Der gewonnene HPLC-Extrakt enthält gesammelte Komponenten, die während eines speziellen Retentionszeitfensters den Detektor passiert haben. Das zugehörige Chromatogramm wird im folgenden Absatz erläutert. Beide Methoden der Größenselektion sind jedoch nicht hundertprozentig effektiv, da beispielsweise bei der HPLC die einzelnen Komponenten ineinander verschmieren und mitunter eigentlich kleine Moleküle große Laufzeiten aufweisen können und umgekehrt. Die Effektivität der HPLC-Trennung sollte sich prinzipiell verbessern lassen, wenn mehrere, hintereinander angeordnete Säulen verwendet werden. Die in Abb. 3.9(c) abgebildeten, mit „Gel-Fraktion" bezeichneten PL-Kurven stammen von PAH-Mischungen, die mit Hilfe einer zu Testzwecken aus mehreren Gelsäulen aufgebauten HPLC-Apparatur gewonnen wurden. Die Spektren sollen lediglich verdeutlichen, dass mit entsprechendem Aufwand auch größere Moleküle aus der DCM-Lösung angereichert werden können. Die gewonnenen Extraktmengen waren bisher jedoch zu gering, so dass daran noch keine weiteren spektroskopischen Untersuchungen (MIS) vorgenommen werden konnten.

Größere und anhand ihres Absorptionsspektrums bereits identifizierte PAHs des Pyrolysekondensats sind im exemplarischen HPLC-Chromatogramm in Abb. 3.10 zu sehen. Im gezeigten Bereich von 7–38 min sind die HPLC-Chromatogramme des DCM-Extraktes (schwarze Kurve) sowie des gelösten Pyrolysekondensats (nicht abgebildet) identisch, da die bei der Methanol-Extraktion teilweise entfernten kleineren PAHs den Detektor früher erreichen. Der HPLC-Extrakt, dessen PL-Spektrum zuvor gezeigt wurde (Abb. 3.9(b)), enthält alle Komponenten, die zum Chromatogramm im Zeitfenster 17–45 min beitragen. Eine Übersicht über die Moleküle, die mittels HPLC und zusätzlich GC/MS (Gaschromatographie/Massenspektrometrie) identifiziert werden konnten (max. Masse 476 u), kann man in der Publikation von Jäger et al. (2007) finden. Durch HPLC ermittelte Identifikationen beschränken sich auf Komponenten, von denen das Absorptionsspektrum im Lösungsmittel bekannt ist. Bei der Auswertung der Spektren der unbekannten Komponenten fällt auf, dass zum Teil Banden jenseits von 500 nm, d.h. deutlich im Bereich der DIBs, auftauchen. Im Chromatogramm erzeugen lediglich die in

---

[7]Vor der Messung des HPLC-Spektrums werden nicht vollständig gelöste, d.h. agglomerierte, Moleküle und Rußpartikel in einem Filter aufgefangen, um eine Verstopfung der Säule zu vermeiden.

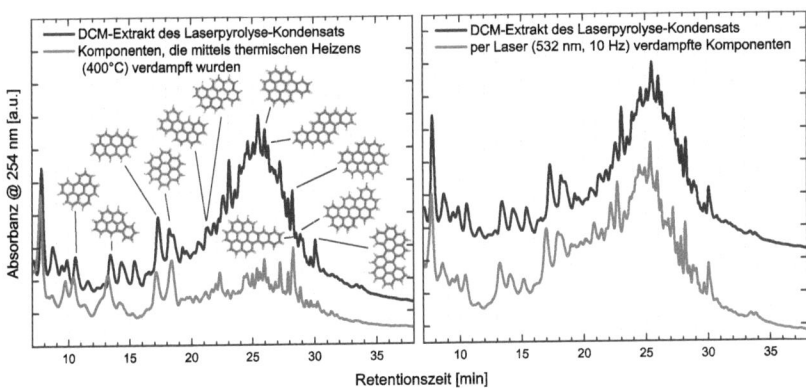

Abbildung 3.10: HPLC-Spektren des DCM-Extraktes. Die Retentionszeiten einzelner Komponenten (mit erkennbaren Peaks) können um bis zu 0.5 min variieren.

der Lösung häufigsten Moleküle bzw. PAHs mit starker Absorbanz bei 254 nm einen erkennbaren Peak. Alle anderen Moleküle sind im darunterliegenden Kontinuum verborgen. Später wird sich bei der Analyse der Matrixspektren zeigen, dass auch kleine Moleküle, wie z.B. Pyren, deren Retentionszeit eigentlich viel kürzer ist, zum Kontinuum zwischen etwa 15 und 35 min beitragen, da wie bereits erwähnt keine optimale Auftrennung des Gemisches beim Durchlaufen der Säule stattfindet.

Weitere Erkenntnisse über das PAH-Gemisch konnten durch Analyse des Rußextraktes mit MALDI-TOF (*matrix-assisted laser desorption/ionization in combination with time-of-flight mass spectrometry*) gewonnen werden (Jäger et al., 2009). Dabei wurden Moleküle auf jeder (!) Masse gefunden, d.h. die Peaks im Massenspektrum erscheinen im Abstand von 1 u. Die stärksten Peaks waren im Abstand von 24 u bei Massen zu sehen, denen PAHs mit einer geraden Anzahl an C-Atomen entsprechen. Dazwischen erscheint eine etwas schwächere Serie durch Moleküle mit ungerader Anzahl. Derartige PAHs besitzen am Rand mindestens ein C-Atom, an das zwei H-Atome gebunden sind (sp^3-Charakter). Da auch zwischen diesen Hauptserien alle Massen besetzt sind, müssen zudem stärker hydrierte Moleküle im Rußextrakt vorhanden sein. Die größten nachgewiesenen Massen lagen bei etwas über 3000 u, was einem PAH von ca. 3 nm Durchmesser entsprechen würde. Die Mengenanteile solch großer Moleküle sind jedoch äußerst gering. Den Hauptanteil im Rußextrakt nehmen Drei- bis Fünfringsysteme ein.

Um Untersuchungen mittels MIS an den PAH-Extrakten durchführen zu können, müssen diese geeignet verdampft werden. In Abb. 3.10 sind im Vergleich zum Originalchromatogramm die Chromatogramme der durch thermisches Heizen (bei 400°C) sowie durch Laserverdampfung (532 nm) in die Gasphase gebrachten Anteile dargestellt. Diese Anteile wurden mittels DCM vom transparenten Fenster abgelöst, das sich im experimentellen Aufbau für die MIS befindet. Der PAH-Extrakt wurde zuvor entsprechend verdampft und ohne gleichzeitigen Edel-

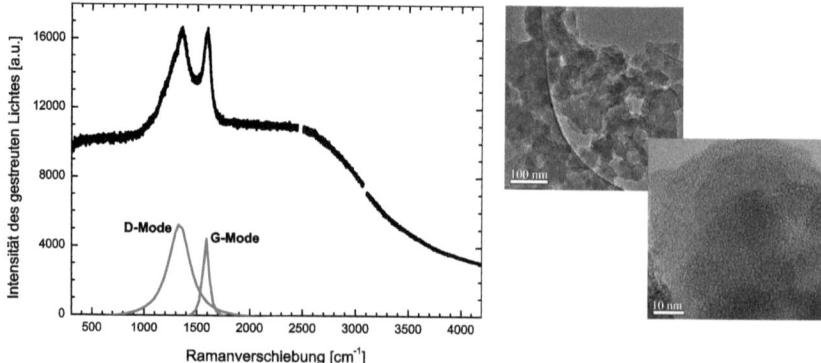

Abbildung 3.11: Ramanspektrum und TEM-Aufnahmen des LP-Rußes. Details zum Ramanspektrometer: Dilor Labram I, Anregung mit cw-He-Ne-Laser (632.8 nm, 15 mW, Messfleck mit 0.1 mm Durchmesser). Der Untergrund im Ramanspektrum entsteht durch vom Laser ausgelöste Fluoreszenz.

gasfluss auf das kryogen gekühlte Fenster abgeschieden. Während beim thermischen Heizen im Wesentlichen die kleineren Moleküle mit größeren Dampfdrücken abgeschieden werden können, ist es mit Hilfe des Lasers möglich, alle Komponenten gleichmäßig zu verdampfen, so dass die Molekülverteilung auf dem Fenster letztendlich der Originalverteilung des Extraktes entspricht. Die MIS-Untersuchungen an den PAH-Extrakten folgen in Abschnitt 3.3.3.

Zum Abschluss dieses Abschnittes werden Untersuchungen an den nicht löslichen Komponenten des Laserpyrolysekondensats - den größeren Rußpartikeln - besprochen. Es stellte sich heraus, dass deren Anteil bei Erhöhung des Drucks in der LP-Kammer zunimmt, was sich u.a. durch die schwarze Färbung der bei 1000 mbar erzeugten Probe bemerkbar macht (siehe Abb. 3.9(a)). Eine HRTEM-Analyse (hochauflösende Transmissionselektronenmikroskopie) offenbarte die Dimensionierung der Partikel, die ungefähr zwischen 10 und 100 nm liegt (Abb. 3.11). Die Staubkörner sind dabei aus kleinen Grapheneinheiten aufgebaut, die etwa 1 bis 3 nm groß sind, wodurch sie mit den größten, mittels MALDI-TOF nachgewiesenen PAHs korrespondieren. Anhand einer statistischen Auswertung wurde die mittlere Größe zu ca. 1.8 nm bestimmt (Jäger et al., 2009), was einem PAH-Molekül mit einer Masse von etwa 1000 u entspricht. Mit Hilfe des Ramanspektrums des graphitischen Rußes (Abb. 3.11) lässt sich anhand der integrierten Intensitäten der D- und G-Moden über

$$L \text{ [nm]} = 4.4 \times I_G I_D^{-1} \qquad (3.2)$$

(Dresselhaus et al., 2000) ebenfalls die mittlere Größe der (zum Ramanspektrum beitragenden) intakten Grapheneinheiten zu $L \approx 1$ nm bestimmen. Scheinbar werden während der Kondensationsexperimente die Rußpartikel bevorzugt durch Akkumulation großer PAHs gebildet. Die kleineren Moleküle bleiben dagegen infolge einer höheren Flüchtigkeit (insbesondere unter den vorherrschenden Kondensationstemperaturen) nicht haften.

3.3.2 Elektronische Anregung künstlicher PAH-Mischungen

Bevor wir zur Analyse der MIS-Messungen von PAH-Mischungen aus der Laserpyrolyse kommen, sollen in diesem Abschnitt theoretische Vorhersagen über die zu erwartenden Absorptionseigenschaften getroffen werden. Um den rechentechnischen Aufwand nicht ausufern zu lassen, wurde auf semiempirische Verfahren zurückgegriffen, um die elektronischen Absorptionen künstlicher PAH-Mischungen zu berechnen. Bei der Optimierung der Grundzustandsstrukturen der diversen Moleküle kam dabei das AM1-Modell (Dewar et al., 1985) zum Einsatz, welches im Gamess-US-Softwarepaket (Schmidt et al., 1993) enthalten ist. Bei der Berechnung der vertikalen elektronischen Anregungsenergien und Oszillatorstärken wurde das in Gaussian03 (Frisch et al., 2004) implementierte ZINDO-Modell[8] (Ridley & Zerner, 1973) verwendet. Das ZINDO-Modell ist dafür bekannt, relativ zuverlässige Resultate für aromatische Moleküle bei gleichzeitig geringer Rechenzeit zu liefern. Da es für $\pi - \pi^*$ Übergänge optimiert wurde, ist jedoch eine limitierte Anwendbarkeit (und Zuverlässigkeit) im Bereich der höherenergetischen $\sigma - \sigma^*$ Übergänge zu erwarten. Ausgehend von den berechneten Oszillatorstärken (f) wurden künstliche Absorptionsspektren berechnet, in denen jeder Übergang von einem Lorentzprofil mit fester Halbwertsbreite (5000 cm^{-1}) repräsentiert wird. Die Fläche jedes Lorentzoszillators wurde gleich dem integrierten Absorptionswirkungsquerschnitt σ_0 gewählt, der über

$$f = \frac{2\varepsilon_0 m_e c}{\pi e^2} \sigma_0 \qquad (3.3)$$

(Hilborn, 1982) ermittelt werden kann.

Die auf diese Weise berechneten Absorptionsspektren lassen sich erwartungsgemäß nicht direkt mit MIS-Daten vergleichen, da vibronische Strukturen nicht vorhergesagt werden. Wie in Abb. 3.12 zu erkennen, stimmen sie aber hinreichend gut mit den Spektren von dünnen PAH-Filmen überein. Neben den schon bekannten Matrixspektren von Cor und HBC sind dort auch die Absorptionsspektren dünner Filme dieser Moleküle abgebildet. Diese Proben wurden auf die gleiche Weise hergestellt wie der zuvor bereits besprochene DBR-Film (Abschnitt 3.2.4). Lichtstreuung, die sich durch einen im UV ansteigenden Untergrund bemerkbar machen würde, ist in den gezeigten Messkurven fast nicht zu erkennen. (Lediglich beim Cor-Film scheint etwas Streuung zum Spektrum beizutragen.) Lose, durch van-der-Waals-Kräfte zusammengehaltene Molekülcluster sollten ab einer gewissen Partikelgröße Absorptionsspektren aufweisen, die denen der gezeigten PAH-Filme ähneln, d.h. mit im Vergleich zur Matrix stark verbreiterten und rotverschobenen Banden. (Eventuelle zusätzlich auftretende Lichtstreueffekte hängen von der Clusterform und -größe ab.) Locker gebundene PAH-Cluster konnten z.B. durch ihre verbreiterten Emissionsbanden im mittleren IR nachgewiesen werden (Abb. 3.2). Rapacioli et al. (2006) haben zudem das Gleichgewicht zwischen Clusterbildung und Photodesorption unter interstellaren Bedingungen berechnet. Aufgrund der starken Wechselwirkung der π-Elektronen verschiedener molekularer Einheiten weisen PAHs eine ausgeprägte

---

[8]AM1 = *Austin model 1*; ZINDO=*Zerner's model of intermediate neglect of differential overlap*

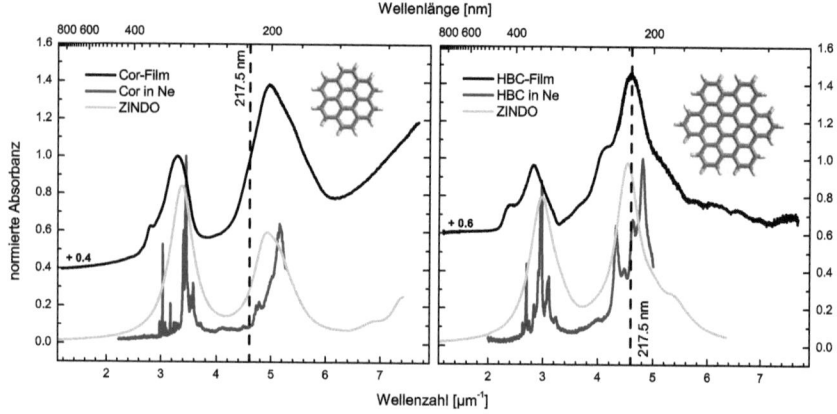

Abbildung 3.12: Absorptionsspektren von Coronen (Cor) und Hexabenzocoronen (HBC) im Vergleich mit semiempirischen ZINDO-Rechnungen.

Agglomerationstendenz auf. Die Mindestgröße für stabile Cluster ist dabei von den konkreten Strahlungsbedingungen abhängig.

Prognostiziert von den ZINDO-Rechnungen und bestätigt durch die Experimente ist bei beiden Molekülen (Cor und HBC) eine starke UV-Bande[9] zu erkennen, die sich für das größere HBC in etwa auf die Position des interstellaren UV-*Bumps* schiebt (217.5 nm). Beim direkten Vergleich von Theorie und Experiment (den Filmspektren) fällt zum einen das Fehlen von Substrukturen in den berechneten Kurven auf, die im realen Molekül durch vibronische Interaktionen entstehen. Zum zweiten werden vom ZINDO-Modell die Intensitätsverhältnisse der Bandensysteme nicht exakt wiedergegeben. Die $\pi-\pi^*$ Banden im nahen UV (300–400 nm) erscheinen etwas stärker als die im ferneren UV (180–240 nm) liegenden. Wie hier nur bei Cor zu erahnen ist, kann der FUV-Anstieg, verursacht durch Übergänge, an denen σ-Elektronen beteiligt sind, mit dieser Methode nicht mehr korrekt vorhergesagt werden. Die Tendenz, die Stärke elektronischer Übergänge bei kleineren Energien überzubewerten, kann teilweise auch bei anderen Molekülen beobachtet werden. Im Anhang findet sich ein Vergleich zwischen den in Lösung gemessenen Absorptionsspektren diverser PAHs mit ZINDO-berechneten Kurven (Abb. A.11).

Die im Folgenden vorgestellten ZINDO-Spektren von PAH-Mischungen beinhalten die Berechung der elektronischen Übergänge von 122 verschiedenen Molekülen, die zwischen 10 und 72 C-Atome enthalten. Alle im Modell enthaltenen PAHs sind im Anhang in Abb. A.10 dargestellt. Bei deren Auswahl wurde auf eine gewisse Variabilität in den Strukturen geachtet, so dass sowohl kompakte als auch elongierte Moleküle beitragen. Neben „normalen" PAHs, die aus einer geraden Anzahl an C-Atomen aufgebaut sind, wurden ebenfalls solche mit un-

---

[9]Eigentlich handelt es sich um ein System aus mehreren Banden. Vereinfacht wird im Folgenden auch häufig von „einer" Bande die Rede sein.

gerader Anzahl berechnet, die mindestens eine Doppelhydrierung aufweisen, da diese auch in den mittels Laserpyrolyse „natürlich" gewonnenen Mischungen gefunden wurden. Zudem sind einige Moleküle enthalten, deren C-Kerngerüst nicht planar ist (wie z.B. Corannulen). Selbstverständlich ist es nicht möglich, alle denkbar möglichen PAH-Strukturen in ein derartiges Modell einzubauen. Beispielsweise existieren bereits bei einem aus 13 Hexagonen aufgebauten Benzenoid[10] (z.B. HBC) über drei Millionen verschiedener PAH-Strukturen (Tošić et al., 1995), von denen jede einzelne des Weiteren unterschiedliche Hydrierungsgrade aufweisen kann. Auch wenn einige dieser Moleküle in der Natur nicht oder in nur sehr geringen Mengen vorkommen sollten, so bleibt dennoch eine gewaltige Anzahl möglicher PAHs im Größenbereich der für die AIBs verantwortlichen Spezies übrig. Die zu erwartende spektrale Vielfalt erweitert sich im interstellaren Raum noch durch unterschiedliche Ionisationsgrade sowie unzählige Seitengruppen. Tan (2009) hat versucht, alle PAHs mit maximal $h = 10$ Hexagonen ($\gtrsim 30000$ Möglichkeiten) mit Hilfe eines Algorithmus zu erfassen und anschließend die elektronischen Übergangsenergien mittels ZINDO zu berechnen, um mögliche Kandidaten als DIB-Träger auszusieben. Ähnlich wie in der Arbeit von Ruiterkamp et al. (2005), in der die ZINDO-Übergangsenergien einiger ausgewählter PAHs mit den DIBs verglichen werden, um Rückschlüsse auf die chemische Komposition und den Ionisationsgrad zu ziehen, wurden dabei jedoch nur die energetisch niedrigsten Übergänge berechnet. Im hier vorgestellten Modell wurden hingegen Übergänge bis weit in den UV-Bereich (< 180 nm) berücksichtigt, wodurch der Rechenaufwand, insbesondere bei den größeren Molekülen ($h_{max} = 24$), um ein Vielfaches höher liegt. Die bei der Berechnung der Absorptionsspektren der Einzelmoleküle recht groß gewählte Halbwertsbreite (5000 cm^{-1}) der Lorentzoszillatoren simuliert dabei in gewisser Weise Vibrationsmuster sowie das Vorhandensein von annähernd gleich aufgebauten PAHs mit nahe liegenden Absorptionsbanden.

Um die in Abb. 3.13 gezeigten synthetischen Absorptionskurven zu erhalten, wurden die berechneten Spektren der einzelnen Moleküle anhand verschiedener, ebenfalls abgebildeter Häufigkeitsverteilungen (Gaussverteilungen über der Anzahl der C-Atome) gewichtet. Die Spektren von PAHs mit gleicher Anzahl an C-Atomen wurden entsprechend gemittelt. Eine deutliche UV-Bande, vergleichbar mit dem interstellaren *Bump* bei 217.5 nm, ist in den berechneten Kurven der Mischungen zu sehen, deren Moleküle im Mittel 40 bzw. 65 C-Atome enthalten. Dass PAHs für den interstellaren UV-*Bump* verantwortlich sein könnten, deutete sich bereits durch die Ergebnisse anderer Veröffentlichungen an (Joblin et al., 1992; Cecchi-Pestellini et al., 2008). Eine exakte Übereinstimmung zwischen Theorie und Realität ist indessen nicht zu erwarten, da Ungenauigkeiten in den berechneten Energiepositionen der elektronischen Übergänge von etwa 0.3 eV (0.24 μm^{-1}) nicht ungewöhnlich wären. Tatsächlich scheinen bei der hier angewandten ZINDO-Methode die berechneten elektronischen Übergänge im UV-Bereich (um 220 nm) im Mittel etwas zu weit im Roten zu liegen (siehe auch Abb.

---

[10]Als Benzenoid wird ein planares Molekül bezeichnet, dessen C-Kerngerüst nur aus Hexagonen aufgebaut ist. Dabei existieren keine Leerstellen im Innern der Struktur, d.h. Helicene oder Coronoide (PAHs mit Löchern) sind hier ausgeschlossen.

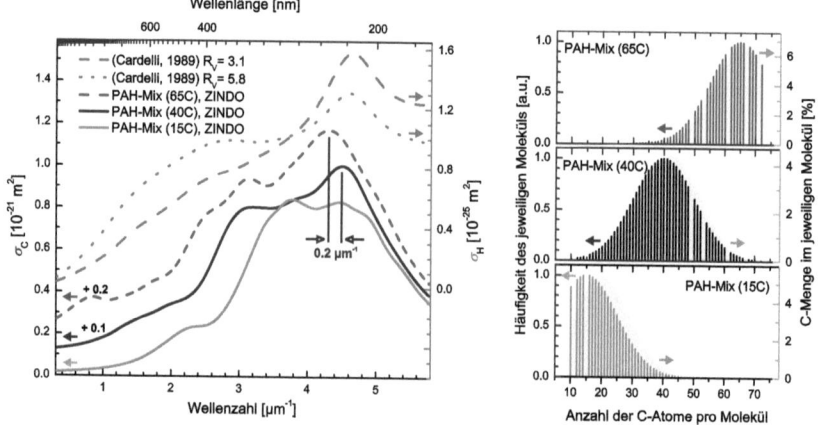

Abbildung 3.13: Links: Mit der ZINDO-Methode berechnete Absorptionskurven künstlicher PAH-Mischungen im Vergleich mit den interstellaren Absorptionen zu zwei verschiedenen Rötungsparametern R_V (Cardelli et al., 1989), dargestellt in Absorptionswirkungsquerschnitt pro C-Atom σ_C bzw. pro H-Atom σ_H. Rechts: Häufigkeitsverteilungen der drei Molekülmischungen.

3.12 & A.11). Die gefundene, etwa 10 nm (0.2 μm^{-1}) große Rotverschiebung des Absorptionsmaximums bei Vergrößerung der mittleren Molekülgröße von 40 C auf 65 C ist hingegen verlässlich, da in beiden Mischungen dieselben Moleküle mit den gleichen systematischen Ungenauigkeiten - im Mittel Rotverschiebungen - vorkommen. Eine weitere Ungenauigkeit betrifft das bereits angesprochene, im direkten Vergleich zu den Messungen nicht ganz exakte Intensitätsverhältnis von Banden bei verschiedenen Wellenlängenpositionen. Dadurch entsteht in den synthetischen Kurven ein zu starker Beitrag bei etwa 320 nm (3.1 μm^{-1}).

Der Absolutwert des Absorptionswirkungsquerschnitts bei der Position des UV-*Bumps* ist, normiert auf die Anzahl der C-Atome, praktisch unabhängig von der Molekülgröße. Er beträgt $\sigma_C^{max} \approx 10^{-21}$ m^2, was mit anderen veröffentlichten Werten ungefähr übereinstimmt, die entweder ebenfalls durch Berechnungen (Cecchi-Pestellini et al., 2008) oder durch Messungen (für kleine PAHs; Joblin et al., 1992) ermittelt wurden.

In Abb. 3.13 ist die zum Vergleich dargestellte interstellare Extinktion in Einheiten des Absorptionswirkungsquerschnittes pro H-Atom σ_H aufgetragen. Die aus der Publikation von Cardelli et al. (1989) entnommene, auf das V-Band normierte Extinktion $A(\lambda)A(V)^{-1}$ (siehe Abb. 1.2) musste daher entsprechend umgerechnet werden. Dabei wurde für interstellaren Staub der Zusammenhang

$$0.554\, A(V)\, N_H^{-1} \approx [2.96 - 3.55\,(3.1\, R_V^{-1} - 1)] \times 10^{-22} \mathrm{mag\, cm}^2$$

(Draine, 2003) verwendet, wobei N_H die Säulendichte der H-Atome (H + H$_2$) ist. Der Rötungs-

parameter R_V ist durch
$$R_V \equiv A(V)(A(B) - A(V))^{-1}$$
definiert. Da die wellenlängenabhängige Extinktion $A(\lambda)$, die Säulendichte der für die Extinktion verantwortlichen Spezies N und der Absorptionsquerschnitt σ über

$$A(\lambda) = 2.5\, N\sigma \log_{10}(e)$$

zusammenhängen, folgt für den Absorptionsquerschnitt pro H-Atom

$$\sigma_H \equiv \sigma\, NN_H^{-1} \approx 1.663\, A(\lambda)A(V)^{-1}\,[2.96 - 3.55\,(3.1\,R_V^{-1} - 1)] \times 10^{-26}\,\mathrm{m}^2\,. \tag{3.4}$$

3.3.3 Spektroskopische Untersuchungen an PAH-Mischungen

Abb. 3.14 zeigt die Absorptionsspektren der bereits in Abschnitt 3.3.1 mit anderen Methoden untersuchten PAH-Mischungen aus der Laserpyrolyse. Die im Folgenden verwendeten Extrakte entsprechen den Mischungen, deren PL-Spektren in Abb. 3.9(b) gezeigt wurden. Details zu den Proben *a* bis *e* sind in Tabelle 3.2 zu finden.

Tabelle 3.2: Experimentelle Details zu den Proben aus Abb. 3.14.

Probe	Extraktion	Verdampfung	Molekülgröße (ca.)*
a	alle löslichen Komponenten	thermisch 400°C	10–22 C-Atome
b	DCM-Extrakt	thermisch 400°C	10–38 C-Atome
c	DCM-Extrakt	Laser[†]	10–38 C-Atome
d	HPLC 17–45 min (s. Abb. 3.10)	thermisch 400°C	22–38 C-Atome
e	HPLC 17–45 min (s. Abb. 3.10)	Laser[‡]	22–38 C-Atome

*Mischungen enthalten Spuren größerer PAHs.
[†]Nd:YAG 532 nm, 10 Hz, 4 mJ pro Puls auf ⌀ 2.5 mm
[‡]Nd:YAG 532 nm, 10 Hz, 6 mJ pro Puls auf ⌀ 2.5 mm

Bei Probe *a* wurde die PAH-Mischung verwendet, die mittels DCM aus dem Kondensat herausgelöst wurden. Sie enthält somit alle löslichen Komponenten. Die Verdampfung zum Zwecke der Abscheidung in die Ne-Matrix erfolgte in einem kleinen Ofen bei 400°C. Die letztlich spektroskopisch untersuchte PAH-Verteilung, d.h. die Molekülmischung, die in die Matrix eingebettet wurde, ist aufgrund der höheren Löslichkeit sowie des höheren Dampfdrucks der kleineren PAHs gleich in zweifacher Hinsicht mit diesen Spezies angereichert, so dass im Wesentlichen aus etwa 10 bis 22 C-Atomen aufgebaute Moleküle das Spektrum dominieren. Scharfe Banden oberhalb von 3 $\mu\mathrm{m}^{-1}$ (330 nm), beispielsweise durch Pyren ($C_{16}H_{10}$; Abschnitt 3.2.2), sind einer darunter liegenden kontinuierlichen Absorptionskurve überlagert.

Bei den Proben *b* und *c* wurde der DCM-Extrakt verwendet. Sie unterscheiden sich lediglich hinsichtlich der Verdampfung, die angewandt wurde, um die Moleküle zum Zwecke der Abscheidung in die Gasphase zu überführen. Beim DCM-Extrakt wurden kleinere PAHs, die

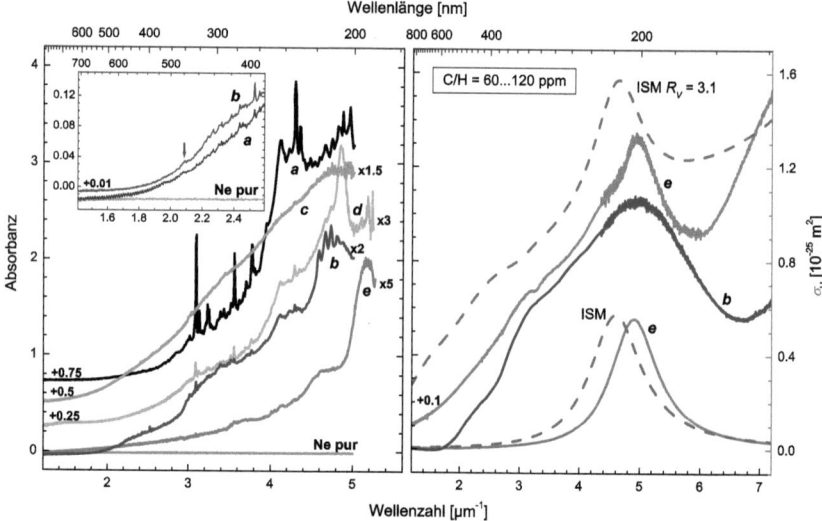

Abbildung 3.14: Gemessene Spektren von PAH-Mischungen aus der Laserpyrolyse. Details zu den Proben **a** bis **e** sind in Tabelle 3.2 aufgelistet. Links: MIS in Ne bei 6 K. Zum Vergleich ist das Absorptionsspektrum der undotierten Ne-Schicht abgebildet. Rechts: Spektren dünner PAH-Filme auf CaF$_2$-Fenstern bei 293 K, gemessen bis in den VUV-Bereich. Die mittlere interstellare Extinktion (Cardelli et al., 1989) ist im Vergleich zu den experimentellen Spektren dargestellt, die unter folgenden Annahmen skaliert wurden: $\sigma_C^{max} = (1.5 \pm 0.5) \times 10^{-21}$ m^2, C/H = $(90 \pm 30) \times 10^{-6}$. Die ebenfalls abgebildeten Profile des UV-*Bumps* wurden mit Hilfe einer Fitprozedur aus den Extinktionskurven extrahiert (siehe Fitzpatrick & Massa, 1988).

sich in Methanol besser lösen als entsprechend größere Moleküle, mit Hilfe eines Soxhletverfahrens extrahiert, sodass im übriggebliebenen Extrakt im Mittel größere molekulare Komponenten vorlagen. Allerdings können dabei kleine PAHs nicht vollständig entfernt werden, was an der im Matrixspektrum des DCM-Extrakts **b** (thermische Verdampfung) nach wie vor erkennbaren Pyrenbande bei 3.1 μm^{-1} zu sehen ist. Laut HPLC-Analyse sollte aber die Hauptfraktion des DCM-Extraktes aus Molekülen mit 22–38 C-Atomen bestehen. Die Unterschiede zwischen den Proben **a** und **b** sind offensichtlich. Scharfe durch kleine PAHs verursachte Banden erscheinen im Matrixspektrum des DCM-Extrakts stark verringert. Die darunter liegende kontinuierliche Absorption entwickelt ein breites Maximum um 4.8 μm^{-1} (210 nm). Die Absorptionskurve reicht bis etwa 1.65 μm^{-1} (600 nm) - schmale, den DIBs ähnliche Banden lassen sich aber nur für $\lambda^{-1} > 2.1$ μm^{-1} (480 nm) finden. Dies ist im Inset auf der linken Seite der Abb. 3.14 dargestellt. Bereits Ehrenfreund et al. (1992) konnten in den MIS-Spektren von PAH-Extrakten aus kohleartigen Teeren keine scharfen Peaks für $\lambda > 450$ nm finden. Alle im Spektrum der Probe **b** erkennbaren schmalen Banden können im Übrigen auch im Matrixspektrum von **a** mit gleicher oder höherer Absorbanz gefunden werden. Die Ne-Matrizen, die mit den Proben *a* und *b* dotiert wurden, wurden dabei unter gleichen Bedingungen präpariert. Deutliche Unterschiede in den Matrixspektren des DCM-Extraktes sind zu erkennen, wenn statt thermischer Verdampfung Laserverdampfung eingesetzt wird (Probe *c*). Bei der Präparation der Cor-dotierten Ne-Matrix (Abb. 3.5) zeigte sich bereits, dass PAHs mit Hilfe der Laserverdampfung (bei 532 nm) unbeschadet von einem festen Target in die Matrix transferiert werden können, d.h. keine Fragmentation auftritt. HPLC-Untersuchungen der verdampften PAH-Mischungen (Abb. 3.10) haben dies bestätigt. Des Weiteren wurde bei diesen HPLC-Untersuchungen gezeigt, dass im Gegensatz zur thermischen Verdampfung bei der Laserverdampfung die Verteilung der einzelnen Komponenten in der Mischung nicht durch einen vom Dampfdruck abhängigen Selektionsprozess beeinflusst wird, so dass in der Matrix eine homogenere PAH-Verteilung mit größeren Molekülen, die niedrigere Dampfdrücke aufweisen, zu erwarten ist. Das Matrixspektrum (*c*) ist dementsprechend nahezu frei von schmalen Banden. Die zuvor bei den Proben *a* und *b* erkennbaren scharfen Banden erscheinen nur noch sehr schwach auf einer ansonsten strukturlosen Absorptionskurve. Offensichtlich sind im Matrixspektrum von *c* ausreichend viele unterschiedliche molekulare Strukturen vorhanden, deren Banden sich zu einem kontinuierlichen Absorptionsspektrum vermischen.

Die mittels HPLC-Fraktionierung gewonnenen Mischungen wurden bei den Proben *d* und *e* verwendet. Wie bereits zuvor erwähnt, kann auch diese Auftrennung nur in begrenztem Maße die kleineren PAHs entfernen, was u.a. daran erkennbar ist, dass im Matrixspektrum der thermisch verdampften Komponenten (*d*) nach wie vor die schmalen Banden, z.B. des Pyrens, vorhanden sind. Diese verschwinden erst, wenn sie sich mit den Absorptionen anderer Moleküle in der mit Hilfe der Laserverdampfung präparierten Matrix (*e*) vermischen, um wie zuvor ein kontinuierliches Absorptionsspektrum zu bilden. In diesem ist ein starker Anstieg im UV zu erkennen, der eine breite Bande bei etwa 5.15 μm^{-1} (194 nm) erzeugt.

Von den Proben *b* (DCM-Extrakt, thermisches Heizen) und *e* (HPLC-Fraktion, Laserverdampfung) wurden des Weiteren dünne Filme hergestellt (Abb. 3.14 rechts). Deren Präparation wurde genauso durchgeführt wie die der entsprechenden Matrizen, d.h. durch Abscheidung auf ein kryogen gekühltes CaF_2-Fenster, jedoch ohne gleichzeitigen Ne-Gasfluss. Die Absorptionsspektren dieser Filme wurden mit einem externen VUV-Spektrometer bis etwa 7.2 μm^{-1} (140 nm) gemessen, wodurch der im ZINDO-Modell in Abschnitt 3.3.2 vorhergesagte UV-*Bump* in PAH-Mischungen näher untersucht werden konnte. Dieser ist in beiden Proben bei 4.93 μm^{-1} (203 nm) zu erkennen, erscheint in Probe *b* jedoch stark verbreitert, was wahrscheinlich auf eine breitere Molekülverteilung zurückzuführen ist. Das Profil der UV-Bande in *e* zeigt hingegen bemerkenswerte Ähnlichkeiten mit dem Profil des interstellaren UV-*Bumps*. Dies verdeutlicht, dass auch zu Clustern kondensierte PAHs Träger dieses spektroskopischen Merkmals sein könnten. Unter Berücksichtigung der vom ZINDO-Modell vorhergesagten Rotverschiebung der UV-Bande bei Erhöhung der mittleren PAH-Größe lässt sich die interstellare Bande u.U. auf PAH-Mischungen zurückführen, in denen die Moleküle im Mittel aus etwa 50–60 C-Atomen aufgebaut sind. Dabei wäre noch zu unterscheiden, ob die PAHs voneinander isoliert als freifliegende Moleküle oder als Cluster vorliegen, da im letztgenannten Fall der zugehörige UV-*Bump* verbreitert etwas weiter im Roten vorliegt (vlg. dazu die Absorptionsspektren der Filme und der Matrizen der Proben *b* und *e*). Der starke FUV-Anstieg der Filmprobe *e* oberhalb von 6 μm^{-1} (170 nm) erscheint indes etwas ungewöhnlich, da dieser, wie später noch zu sehen sein wird, für PAHs nicht unbedingt zu erwarten ist. Verschiedene Ursachen könnten dafür verantwortlich sein. Generell könnten in der Mischung, wenn auch in geringen Mengen, aliphatische Komponenten, evtl. als Seitengruppen an den PAHs, vorhanden sein. Mehrfachhydrierungen oder gebogene Molekülstrukturen sorgen des Weiteren für sp^3-Charakter, der ebenfalls einen starken, durch Übergänge von σ-Elektronen hervorgerufenen FUV-Anstieg bewirken kann. Alternativ könnte eine unerwartet starke Streuung des Films im FUV, verursacht durch Defekte, Risse o.Ä., als Erklärung herangezogen werden.

Der in Abschnitt 3.3.2 bestimmte absolute Absorptionswirkungsquerschnitt an der Position des UV-*Bumps* ($\sigma_C^{bump} \approx 10^{-21}$ m^2) stellt tendenziell eher eine untere Grenze dar, da dem dort vorgestellten Modell eine äußerst starke Verbreiterung (5000 cm^{-1}) der einzelnen elektronischen Resonanzen zugrunde liegt. Deshalb, sowie in Anbetracht experimenteller Ergebnisse (siehe dazu die quantitativen Absorptionsspektren einzelner PAHs in Joblin et al., 1992), liegt der reale Wert sehr wahrscheinlich geringfügig höher bei $\sigma_C^{bump} = (1.5 \pm 0.5) \times 10^{-21}$ m^2. Darauf basierend wird ein in PAHs gebundener C-Anteil von C/H = $(90 \pm 30) \times 10^{-6}$ benötigt, um eine dem UV-*Bump* der mittleren interstellaren Extinktionskurve vergleichbare Stärke zu erreichen. In der Fachliteratur angegebene typische C-Mengen, die im ISM in freifliegenden PAHs gebunden sind, liegen etwas niedriger bei 22 bis 65 C-Atomen pro Million H-Kerne (Joblin et al., 1992; Tielens, 2008). Diese Werte sind wahrscheinlich untere Grenzen für die interstellare PAH-Häufigkeit, wie durch die nachfolgenden Punkte einzusehen sein sollte. Üblicherweise werden derartige Häufigkeitsabschätzungen anhand der Emissionsbanden im mittleren IR durchgeführt. Die Sichtlinien, in denen die AIBs beobachtet werden, sondieren gewöhnlich Umgebungen mit dichten Wolken, während hingegen bei UV-Extinktionsmessungen Sichtlinien mit geringer Staubsäulendichte erforscht werden (Clayton et al., 2003). Die PAH-Population, die die AIBs verursacht, könnte sich von derjenigen unterscheiden, die für Banden im UV-VIS verantwortlich ist. Des Weiteren wird davon ausgegangen, dass die gesamte im UV absorbierte Strahlungsleistung im mittleren IR wieder re-emittiert wird. Die Photolumineszenz der PAHs im Sichtbaren wird dabei vernachlässigt, wodurch die abgeleitete PAH-Masse systematisch niedriger ausfällt. Schließlich könnten große PAH-Cluster (evtl. *very small grains*) zwar zum UV-*Bump* beitragen, im mittleren IR jedoch praktisch unsichtbar sein, da sie im Vergleich zu freifliegenden PAHs (aufgrund zu niedriger Temperatur nach UV-Absorption) keine nennenswerte aromatische IR-Emission aufweisen würden.

Im Moment kann nicht genau festgestellt werden, ob die für den UV-*Bump* eventuell verantwortlichen großen PAHs (50 C-Atome und mehr) voneinander isoliert (freifliegend) oder in größeren, schwach gebundenen Staubkörnern (van-der-Waals-Cluster) vorliegen. Eventuell sorgen unterschiedliche Anteile beider Komponenten in verschiedenen Sichtlinien für die beobachteten Variationen in der interstellaren Extinktionskurve. Erst Labormessungen an entsprechend großen Molekülen unter angemessenen Bedingungen könnten für mehr Einsicht sorgen. Bei freifliegenden PAHs wäre dabei insbesondere von Interesse, inwiefern eine Ionisierung durch interstellare UV-Strahlung die elektronischen Absorptionsspektren beeinflusst. Dieser Punkt wird in Abschnitt 3.4.4 diskutiert.

3.4 PAHs als Träger der 217.5 nm UV-Bande

Im vorangegangenen Abschnitt wurde gezeigt, dass mit der Laserpyrolyse hergestellte PAH-Mischungen eine ausgeprägte UV-Bande aufweisen können, die bei etwa 200 nm liegt, wenn die Moleküle voneinander isoliert in einer kryogenen Edelgasmatrix vorliegen. Der rote Flügel dieser breiten, kollektiven $\pi - \pi^*$ Bande, der bis weit in den sichtbaren Spektralbereich reicht, ist bei Abwesenheit von PAHs mit weniger als ca. 22 C-Atomen infolge der großen spektralen Vielfalt der zahlreich vertretenen Molekülstrukturen annähernd frei von schmalen Banden. Unter Berücksichtigung eines auf semiempirischen Berechnungsmethoden basierenden Modells wurde geschlussfolgert, dass für große, mit den AIBs verknüpfte PAHs ($\gtrsim$ 50 C-Atome) die UV-Bande sich auf 217.5 nm schieben könnte, was der Position des UV-*Bumps* in der interstellaren Extinktionskurve entspricht. Diese Idee wird auch von TDDFT-Rechnungen von Malloci et al. (2004) und Cecchi-Pestellini et al. (2008) unterstützt, die für eine Mischung aus einer limitierten Anzahl verschiedener PAHs ebenfalls eine derartige UV-Bande um 220 nm prognostizieren.

Im Folgenden werden weitere theoretische und experimentelle Ergebnisse über die UV-VIS-Absorptionseigenschaften mittelgroßer bis großer PAHs vorgestellt, die die vermutete Verbindung zwischen großen PAHs und dem interstellaren UV-*Bump* untermauern sollen. Unter Berücksichtigung der Tatsache, dass in unterschiedlichen astronomischen Sichtlinien die Molekülpopulation variierenden physikalischen Bedingungen (UV-Strahlungsfeld) unterliegt, sollte der Frage nachgegangen werden, ob eine Ionisation einen Einfluss auf die UV-Bande der PAHs hat. (Der interstellare *Bump* ist trotz variabler Strahlungsbedingungen unterschiedlicher Sichtlinien positionsstabil.) Dieses Problem wird sowohl theoretisch über TDDFT-Berechnungen als auch experimentell durch Photoionisation zweier ausgewählter PAHs mit starken Banden um 217.5 nm untersucht. Die Ergebnisse wurden kürzlich zur Veröffentlichung eingereicht (Steglich et al., 2011a).

3.4.1 Größenabhängigkeit der UV-Bande

Bereits zuvor wurde unter Anwendung eines semiempirischen Modells die Absorbanz künstlicher PAH-Mischungen unterschiedlicher Größenverteilungen berechnet (Abschnitt 3.3.2). Die relativ niedrigen rechentechnischen Kosten des ZINDO-Verfahrens werden allerdings durch eher ungenaue Resultate hinsichtlich der relativen Stärke elektronischer Resonanzen erkauft. Effekte, die von der Molekülgröße abhängen (Rotverschiebung), könnten zudem teilweise durch die Methode an sich verursacht werden. (Falls ein derartiger systematischer Fehler vorhanden sein sollte, so lässt er sich zumindest nicht bei den PAHs Cor und HBC (siehe Abb. 3.12) erkennen.) Genauere und hinsichtlich ihrer Anwendbarkeit auf reale Moleküle verlässlichere Ergebnisse sollten von ab-initio- und TDDFT-Verfahren erwartet werden, die im Gegenzug jedoch aufgrund sehr langer Rechenzeiten im Moment nur auf eine limitierte Anzahl von Molekülen angewendet werden können. (Die aufgebrachte CPU-Zeit bei der Berechnung des TDDFT-Spektrums des größten hier vorgestellten Moleküls mit 66 C-Atomen lag bei etwa 215 Tagen.) Aufgrund dessen wurden lediglich die Spektren von sieben, verschieden großen PAHs mit kompakter Struktur berechnet, die die durchschnittliche PAH-Population im ISM repräsentieren sollen. Impliziert durch die Beobachtung der AIBs im mittleren IR sind interstellare PAHs wahrscheinlich eher kompakt als elongiert (z.B. Léger et al., 1989). DFT- und TDDFT-Berechnungen wurden mit den im Gaussian09-Code (Frisch et al., 2009) implementierten Algorithmen durchgeführt. Bei der Optimierung der Grundzustandsgeometrien sowie der Berechnung der vertikalen elektronischen Übergangsenergien und Oszillatorstärken fanden dabei das B3LYP-Funktional (Becke, 1993; Stephens et al., 1994) in Verbindung mit dem 6-31+G(d) Basissatz Verwendung. Zusätzliche Vibrationsanregungen in elektronisch angeregten Zuständen können mit dieser Methode nicht behandelt werden. Allerdings sorgt die mit ansteigender Energie zunehmende Bandenverbreiterung hochangeregter Zustände dafür, dass bei größeren PAHs unterhalb von etwa 300 nm kaum noch Vibrationsstrukturen in den Matrixspektren zu erkennen sind, so dass in diesem Wellenlängenbereich eine bessere Vergleichbarkeit zwischen Theorie und Experiment gegeben ist.

In Abb. 3.15 sind die berechneten elektronischen Absorptionsspektren kompakter PAHs dargestellt, deren Grundzustandsgeometrien D_{6h} bzw. D_{2h} Symmetrien aufweisen. Für den Moment wird die Diskussion auf neutrale Spezies beschränkt, da die Ionen aufgrund ihrer offenen Schalen einen noch höheren rechentechnischen Aufwand erfordern. Die Auswirkungen einer Ionisierung auf die Banden im UV werden später behandelt. Für die beiden dargestellten Punktgruppenserien (D_{6h} und D_{2h}) gelten jeweils die gleichen symmetriebedingten Auswahlregeln, wodurch die unterschiedlich großen Moleküle direkt miteinander verglichen werden können. Wie zuvor bei den ZINDO-Rechnungen wurden die theoretischen Absorptionsspektren (durchgezogene Linien) durch Faltung mit Lorentzfunktionen fester Halbwertsbreite (FWHM = 3000 cm^{-1}) ermittelt. Diese Spektren können so verstanden werden, dass sie die Absorption schwach gebundener PAH-Cluster beschreiben, in denen Vibrationsmuster infolge der van-der-Waals-Wechselwirkungen der Moleküle ausgeglättet werden. Bei den mit gestrichelten Linien dargestellten Spektren wurde die Halbwertsbreite jedes Übergangs proportional zur Anzahl energetisch niedrigerer Übergänge gewählt. Die Flächen der einzelnen Lorentzkurven blieben dabei proportional zur jeweiligen Oszillatorstärke. Dadurch wird der mit höheren Energien zunehmenden Lebensdauerverbreiterung Rechnung getragen. Zudem werden die schwächeren Übergänge bei längeren Wellenlängen visuell hervorgehoben. Diese Spektren entsprechen eher den gemessenen Spektren matrixisolierter Moleküle, wobei berücksichtigt werden muss, dass sich die Intensität der einzelnen Banden (integrierter Absorptionsquerschnitt) im realen Molekülspektrum gewöhnlich auf diverse Vibrationslinien aufteilt, so dass die Peakintensitäten reduziert werden.

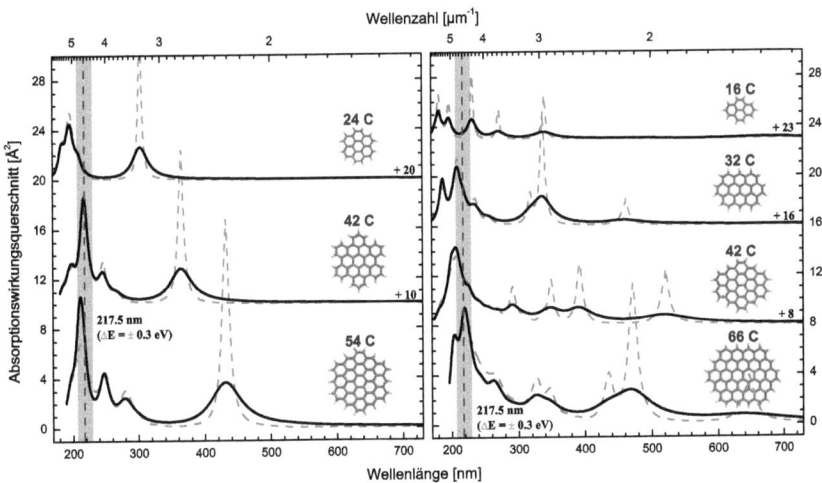

Abbildung 3.15: TDDFT-Spektren unterschiedlich großer PAHs mit D_{6h} (links) und D_{2h} (rechts) Symmetrie. Eine Faltung mit Lorentzfunktionen mit energieabhängiger Halbwertsbreite wurde angewandt, um die schwächeren Banden bei längeren Wellenlängen hervorzuheben (gestrichelte Linien). Die Position des interstellaren UV-*Bumps* bei 217.5 nm ist entsprechend markiert, plus/minus einer für TDDFT-Rechnungen dieser Art nicht unüblichen Ungenauigkeit von 0.3 eV.

Betrachtet man beide PAH-Serien, so fällt für Moleküle mit mehr als ≈ 32 C-Atomen (Ovalen) ein starker UV-Peak um 217.5 nm auf. Zu beachten ist, dass beim hier angewandten Theorielevel die berechneten Bandenpositionen von Ungenauigkeiten von bis zu 0.3 eV betroffen sein können (siehe z.B. Hirata et al., 1999). Während das elektronische Absorptionsmaximum um 217.5 nm mehr oder weniger universell für verschiedene, ausreichend große PAHs zu sein scheint, haben Banden bei längeren Wellenlängen eine stärkere Abhängigkeit von der spezifischen molekularen Struktur. Es ist vorstellbar, dass eine Mittelung der Spektren vieler unterschiedlicher, ausreichend dimensionierter PAHs eine eher glatte Extinktionskurve mit einem breiten UV-*Bump* bei 217.5 nm erzeugen wird. Sollte die mittlere Größe der PAHs in einer derartigen Mischung jedoch wesentlich größer sein als die hier untersuchten Moleküle, so ist die UV-Bande wahrscheinlich bei Wellenlängen größer als 217.5 nm zu finden. Es ist bekannt, dass auch amorphe graphitische Materialien und Nanopartikel, mit gewöhnlich sowohl aromatischen als auch aliphatischen Komponenten, eine ähnliche UV-Bande mit variierender Position im Bereich 220–260 nm (Schnaiter et al., 1996, 1998; Llamas-Jansa et al., 2007) aufweisen können. Da hier die aromatischen Einheiten, die man sich als im jeweiligen Material eingebettete PAHs vorstellen kann, für die UV-Bande verantwortlich sind, könnten die gemessenen unterschiedlichen Bandenpositionen u.a. mit der mittleren Größe der aromatischen Einheiten zusammenhängen. Der *Bump* erscheint zudem in diesen nano- und mikroskopischen Materialien oft stark verbreitet, was auf verschiedene Effekte wie Partikelagglomeration, physikalische und chemische Bindungen zwischen den aromatischen Ebenen oder einfach auf eine breite Größenverteilung der aromatischen Einheiten zurückzuführen sein könnte.

3.4.2 VUV-Anstieg der elektronischen Absorption

Bei noch kürzeren Wellenlängen sollten sich weitere Gemeinsamkeiten in den Spektren großer PAHs finden lassen. Aufgrund stark ansteigender Zustandsdichten ist die zuvor angewandte Methode zur Simulation der VUV-Banden rechentechnisch zu teuer. Ein funktionell anderer und hierfür besser geeigneter TDDFT-Ansatz ist im Octopus-Softwarepaket (Marques & Gross, 2004; Castro et al., 2006) implementiert. Die Limitierungen dieses Programms sowie dessen Anwendung auf die Berechnung von PAH-Spektren wurden ausführlich von anderen Autoren beschrieben (Malloci et al., 2004; Cecchi-Pestellini et al., 2008). Statt Basissätze verwendet der Octopus-Code numerische Gitter, auf denen die Wellenfunktionen im Realraum sowie in der Realzeit berechnet werden. Gefolgt von einem initialen deltaförmigen elektromagnetischen Impuls, der alle elektronischen Eigenfrequenzen des Systems anregt, wird das zeitabhängige Dipolmoment berechnet, welches wiederum für die Bestimmung des linearen optischen Absorptionsspektrums verwendet wird. Das auf diese Weise gewonnene Spektrum enthält *alle möglichen* Übergänge zwischen gebundenen Zuständen. Die wesentlichen Parameter der Berechnung sind das verwendete Funktional (hier B3LYP), das Volumen der numerischen Box, in der die Moleküle beschrieben werden (Kugel um jedes Atom mit 3 Å Radius), der Abstand der Gitterpunkte (0.25 Å), die zeitliche Integrationslänge (20 $\hbar$/eV) sowie der zeitliche Abstand der Integrationen (0.002 $\hbar$/eV).

Unter Anwendung dieser Methode wurden die in Abb. 3.16 dargestellten elektronischen Spektren von HBC in verschiedenen Ladungszuständen (0,+,-) berechnet. Die Breiten der Absorptionsbanden sind auch hier rein künstlicher Natur. Sie hängen einzig von der verwendeten Integrationslänge ab. Die Fläche unter jeder Bande hat allerdings eine direkte physikalische Bedeutung, da sie dem integrierten Absorptionswirkungsquerschnitt bzw. der Oszillatorstärke des jeweiligen elektronischen Übergangs entspricht. Oberhalb von 8 μm^{-1} hat die Breite einzelner Resonanzen aufgrund der hohen Zustandsdichte ohnehin kaum noch einen nennenswerten Einfluss auf die absoluten Werte des Absorptionsquerschnitts. Die HBC-Spektren werden in diesem Bereich durch $\sigma - \sigma^*$ Übergänge geprägt. Für Anthracen ($C_{14}H_{10}$) wurde von Malloci et al. (2004) gezeigt, dass der generelle Trend sowie Wirkungsquerschnitt der mit dem Octopus-Code berechneten extrem breiten $\sigma - \sigma^*$ Bande in sehr guter Übereinstimmung zu Absorptionsmessungen gasförmiger PAHs sein kann. Die energetischen Positionen der $\pi - \pi^*$ Übergänge unterhalb von 8 μm^{-1} sind hingegen von etwas größeren Verschiebungen betroffen, wie der Vergleich mit dem gemessenen Spektrum des HBC-Films[11] offenbart. Generell sind im Energiebereich über 2 μm^{-1} die theoretischen Spektren der unterschiedlich geladenen HBC-Moleküle untereinander sehr ähnlich, da dieser Bereich von Übergängen dominiert

---

[11]Man beachte, dass die breiten Banden des HBC-Films um einiges schmaler werden, wenn die Moleküle voneinander isoliert in der Gasphase oder in einer kryogenen Edelgasmatrix vorliegen.

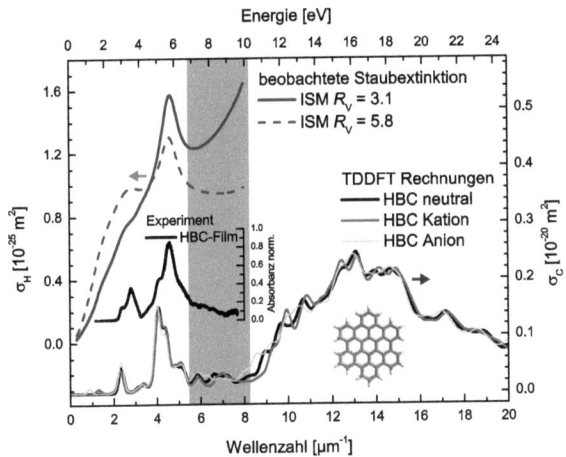

Abbildung 3.16: TDDFT-Spektren von neutralem und ionisiertem HBC zur Verdeutlichung der VUV-Absorptionseigenschaften großer PAHs. Der orange markierte Bereich kennzeichnet ungefähr die Absorptionslücke zwischen den energetisch höchsten $\pi-\pi^*$ Banden und dem Beginn der $\sigma-\sigma^*$ Absorption. Zum Vergleich sind das experimentelle Spektrum des HBC-Films sowie die mittlere interstellare Extinktionskurve für zwei verschiedene Rötungsparameter (Cardelli et al., 1989) abgebildet. Die y-Achsen sind in Einheiten des Absorptionsquerschnittes pro H-Atom σ_H bzw. pro C-Atom σ_C eingeteilt.

wird, bei denen Elektronen von voll besetzten Molekülorbitalen in komplett leere Niveaus aufsteigen, d.h. sie überspringen die Bandlücke (B- und C-Typ-Übergänge). Übergänge auf das halbbesetzte Orbital des Kations (A-Typ) sowie kombinierte Übergänge in das und von dem halbbesetzten Orbital des Anions erzeugen dagegen zusätzliche schwache Banden weiter im Roten ($< 2~\mu m^{-1}$), die im neutralen Molekül fehlen.

Für die interstellare Extinktion konnte keine Korrelation zwischen dem UV-*Bump* bei 217.5 nm und dem bei höheren Energien gelegenen VUV-Anstieg festgestellt werden (siehe auch die Extinktionskurven bei verschiedenen R_V in Abb. 3.16; Cardelli et al., 1989). Um den UV-*Bump* mit PAHs in Verbindung bringen zu können, müssen die Absorptionseigenschaften dieser Moleküle dementsprechend kompatibel mit den schwächsten VUV-Anstiegen sein, die in Sichtlinien mit starker Rötung beobachtet werden. Augenscheinlich ist der Beginn der breiten $\sigma-\sigma^*$ Bande des HBC bei eher hohen Energien (8 μm^{-1}) zu finden, so dass die daraus resultierende Absorptionslücke zwischen der stärksten $\pi-\pi^*$ Resonanz und dem $\sigma-\sigma^*$ Absorptionsbeginn mit den beobachteten VUV-Extinktionseigenschaften des interstellaren Staubes sehr gut vereinbar ist. Andere große PAHs weisen ebenfalls eine derartige Absorptionslücke auf (siehe Malloci et al., 2004).

3.4.3 Die UV-Bande bei ionisierten PAHs: Theoretische Vorhersagen

In Abb. 3.17 werden noch einmal die theoretischen Spektren der PAHs Cor, HBC und Circumcoronen (CC), diesmal jedoch in unterschiedlichen Ladungszuständen, miteinander verglichen. Beim Vergleich der mit unterschiedlichen Modellen errechneten Spektren der neutralen Moleküle fällt bei der ZINDO-Methode die bereits angesprochene hohe Intensität der Banden bei etwas längeren Wellenlängen (> 260 nm) ins Auge. Unter anderem entstand dadurch der starke Beitrag im Spektrum der künstlichen PAH-Mischungen bei etwa 320 nm (Abb. 3.13). Die beste Übereinstimmung mit experimentellen Ergebnissen liefert die TDDFT-Rechnung, die auf Basissätzen beruht (links oben in Abb. 3.17). Die TDDFT-Spektren, die mit dem Octopus-Code berechnet wurden, stammen aus der Onlinedatenbank von Malloci et al. (2007). Bei deren Berechnung kam ein etwas einfacheres Funktional (LDA = *local density approximation*) zum Einsatz. Die elektronischen Resonanzen werden dabei etwas zu weit im Roten errechnet. Dessen ungeachtet lässt sich eine wesentliche Aussage aus den mittels LDA berechneten Spektren unterschiedlich geladener PAHs extrahieren: Die Position und Stärke der UV-Bande um 220 nm verändert sich im Rahmen der Ungenauigkeiten der Berechnung nicht, wenn ein oder zwei Elektronen vom Molekül entfernt bzw. hinzugefügt werden (abgesehen vielleicht vom Cor-Anion). Im Vergleich zu Banden bei längeren Wellenlängen erscheint die UV-Bande durch Ionisation des PAHs sogar noch etwas ausgeprägter. Eine analoge Abbildung für die PAHs Pyren, Ovalen, Circumpyren und Circumovalen, bei der dieser Effekt ebenfalls erkennbar ist, befindet sich im Anhang (Abb. A.12).

3.4.4 Ionisierte PAHs in der Matrix: DBR^+ und HBC^+

In den vorherigen beiden Abschnitten wurde gezeigt, dass bei einfach ionisierten PAHs der UV-Bump mit ungefähr gleicher Stärke und bei gleicher Wellenlängenposition wie bei den neutralen Ausgangsmolekülen zu erwarten ist, da die ursächlichen elektronischen C-Typ-Übergänge identisch sind. Eventuell vorhandene Unterschiede, beispielsweise hinsichtlich der Bandenform und -position, lassen sich jedoch mit endgültiger Sicherheit nur durch Laborexperimente erfassen. Zu diesem Zweck wurde mit Hilfe der MIS zwischen 190 und 850 nm die wellenlängenabhängige Photoabsorption der PAHs DBR und HBC (isoliert in Ne @ 7 K) gemessen. Mit Hilfe der aus TDDFT-Rechnungen ermittelten Bandenstärken der PAHs sowie der bekannten Abscheiderate der Ne-Matrix (siehe dazu Abschnitt 4.2.1) konnte das Isolationsverhältnis, d.h. die Anzahl der Ne-Atome pro PAH-Molekül, abgeschätzt werden. Größenordnungsmäßig lag dieses bei 15000 im Falle der DBR-dotierten Matrix und 30000 beim HBC. Nach der Präparation der mit dem jeweiligen neutralen PAH dotierten Matrix wurde diese der FUV-Strahlung (10.2–11.8 eV) einer Wasserstoffentladungslampe ausgesetzt, wodurch ein Teil der neutralen Ausgangsmoleküle ionisiert werden konnte. Die Intensität der FUV-Photonen auf der Probenoberfäche betrug während der typischerweise 15-minütigen Bestrahlung etwa $10^{15} - 10^{16}$ Photonen m^{-2} s^{-1}. Aufgrund der angewandten niedrigen Bestrahlungsdosen sowie der Unfähigkeit der untersuchten Moleküle, durch die Matrix zu diffundieren, können, abgesehen

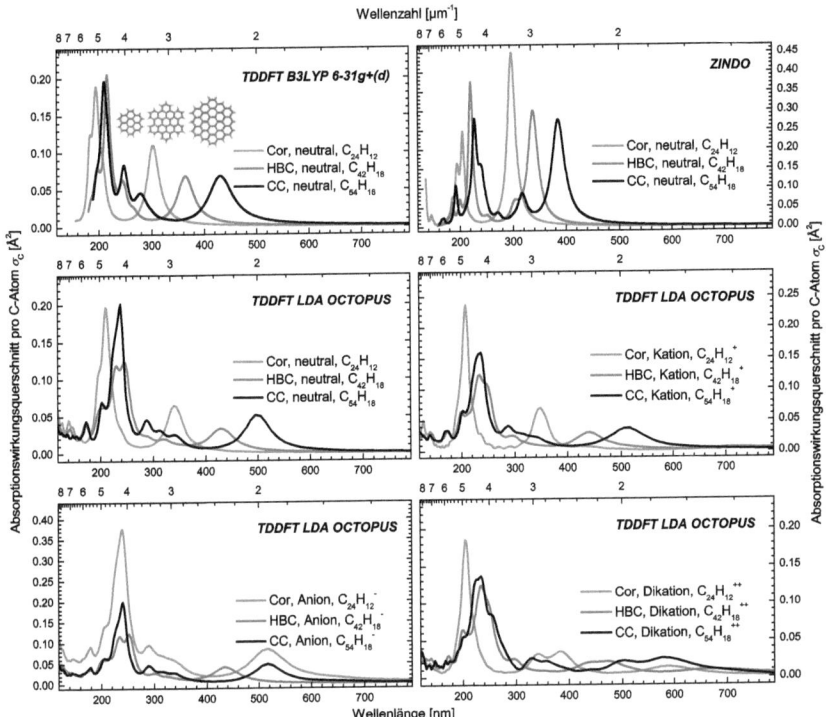

Abbildung 3.17: Berechnete Spektren von PAHs mit D_{6h} Symmetrie in unterschiedlichen Ladungszuständen. Die mittels LDA berechneten Spektren stammen aus der Datenbank von Malloci et al. (2007). Eine analoge Abbildung für PAHs mit D_{2h} Symmetrie ist im Anhang zu finden (Abb. A.12).

von einfachen durch ein einziges Photon ausgelösten Reaktionen (hier lediglich Ionisation), komplexere chemische Veränderungen ausgeschlossen werden. Die maximale Ionenausbeute, d.h. der Anteil der ionisierten Moleküle in der Matrix, ist auf üblicherweise unter 10% begrenzt. Der maximale Wert wird nach einer gewissen FUV-Dosis erreicht und kann auch durch längere Bestrahlung nicht erhöht werden, da infolge der relativen Nähe der Moleküle zueinander durch Rekombinationsreaktionen zwischen freiwerdenden Elektronen und bereits ionisierten Molekülen ab einem gewissen Punkt eine Sättigung eintritt. Nach Abschalten der FUV-Beleuchtung bleiben die Ionen für mehrere Stunden stabil in der Matrix erhalten, so dass auch zeitaufwändige Scans durchgeführt werden können.

Um die Absorptionsbanden der ionischen und neutralen Spezies, die insbesondere im UV einander gegenseitig überlappen, unterscheiden zu können, wurde die folgende Mess- und Analyseprozedur durchgeführt: Das Transmissionsspektrum der Matrix nach der FUV-Bestrahlung wurde zuerst durch das Spektrum vor der Bestrahlung, also das des neutralen Ausgangsmoleküls, geteilt, d.h. das Spektrum vor der Bestrahlung diente als Basislinie. Im auf diese Weise gewonnenen und in Einheiten der Absorbanz ($-\log[T_{\text{nach FUV}} T_{\text{vor FUV}}^{-1}]$) dargestellten Spektrum repräsentieren positive Peaks Spezies, die durch FUV-Bestrahlung entstanden sind (z.B. Ionen), während negative Banden von den „zerstörten" neutralen Molekülen hervorgerufen werden. Um anschließend den negativen Beitrag der neutralen Spezies durch einfache Subtraktion zu entfernen, musste das Ausgangsspektrum (vor Bestrahlung) möglichst präzise angefittet werden. (Die Subtraktion funktioniert nur mit einer künstlichen Fitfunktion.) Beispielsweise bestand der Fit des Spektrums von neutralem DBR aus 57 verschiedenen Gaußkurven. Nach Durchführung der Subtraktion sollte das Spektrum nur Banden von solchen Spezies enthalten, die während der Bestrahlung gebildet wurden.

Die Elektronen, die bei der Bestrahlung freigesetzt werden, können von Defekten und Verunreinigungen in der Matrix, aber auch von neutralen Molekülen eingefangen werden. Gegenüber Anionen entstehen dabei Kationen der untersuchten Moleküle im Überschuss. Dies gilt im Besonderen bei den hier angewandten experimentellen Bedingungen, die so gewählt wurden, dass ein möglichst großer mittlerer Abstand zwischen den Molekülen vorlag (siehe dazu auch die Publikationen von Salama & Allamandola, 1991, 1993). Die Elektronenaffinität der positiv geladenen Moleküle ist zudem um ein Vielfaches höher als die der neutralen PAHs, weshalb ab einem gewissen Punkt freie Elektronen bevorzugt mit bereits gebildeten Kationen rekombinieren. Letztendlich wird das Anzahlverhältnis zwischen Kationen und Anionen von verschiedenen Faktoren beeinflusst. Zu nennen wären die Reinheit und Kristallinität der Matrix, das Isolationsverhältnis (Dotiergrad) sowie die Elektronenaffinitäten der untersuchten Moleküle und Verunreinigungen. Der mögliche anionische Beitrag wird im Folgenden anhand der Matrixspektren diskutiert.

DBR ($C_{30}H_{14}$)

Die gemessenen Spektren neutraler und ionisierter, matrixisolierter DBR-Moleküle sind im linken oberen Panel der Abb. 3.18 dargestellt. In der Matrix vorhandene Spuren von Wasser sind verantwortlich für die scharfen Linien des OH-Radikals bei 308 und 283 nm, das durch Photodissoziation während der FUV-Bestrahlung erzeugt wurde. Die Doppelpeakstruktur der OH-Banden (hier aufgrund des gewählten Maßstabs nicht zu erkennen) wurde als Hinweis auf eine Rotation dieses Moleküls in der Festkörperumgebung der Ne-Matrix angesehen (Tinti, 1968). Eine spektroskopische Interpretation der Banden des neutralen DBR-Moleküls für $\lambda > 360$ nm wurde bereits in Abschnitt 3.2.4 gegeben (siehe auch Rouillé et al., 2011). Das neutrale Molekül hat des Weiteren verschiedene, starke Absorptionspeaks im UV, speziell einen bei 212 nm in direkter Nähe zum 217.5 nm *Bump*. Deshalb bietet es sich an, DBR bzgl. der Auswirkungen, die eine Ionisation auf die höherenergetischen UV-Banden hat, zu untersuchen.

Die theoretischen Spektren von neutralem, kationischem und anionischem DBR werden in Abb. 3.18 links unten präsentiert. Deren Berechnung erfolgte auf die gleiche Weise wie bei den mit gestrichelten Linien gezeigten Spektren aus Abb. 3.15, d.h. durch Anwendung des TDDFT-Ansatzes mit Basissätzen (hier B3LYP/6-311++G(2d,p)) sowie Faltung der Spektren mit Lorentzfunktionen energieabhängiger Halbwertsbreite. Die optimierte Geometrie des Grundzustandes von DBR zeigte für alle drei Ladungszustände C_{2h} Symmetrie. Die elektronischen Grundzustände transformieren entsprechend den ^1A_g (neutral), ^2B_g (Kation) bzw. ^2A_u (Anion) irreduzierbaren Darstellungen. Für das neutrale und kationische Molekül sind ausgehend vom Grundzustand elektronisch vertikale Übergänge auf angeregte Zustände mit A_u und B_u Symmetrie dipolerlaubt. Für Wellenlängen $\lambda < 500$ nm sind die elektronischen Anregungsschemata der diversen Übergänge im neutralen und kationischen DBR-Molekül prinzipiell sehr ähnlich. Unterschiede in den theoretischen Spektren bestehen in den breiteren Banden des Kations. Diese erwachsen einzig aus der gewählten Faltungsprozedur in Kombination mit zahlreichen niedrigenergetischen Übergängen, die im neutralen Molekül fehlen. Oberhalb von 500 nm wird das theoretische Spektrum des DBR-Kations von schwachen Übergängen dominiert, bei denen Elektronen auf des halbbesetzte Orbital angehoben werden, wie z.B. $D_5(B_u) \leftarrow D_0(B_g)$ bei 673 nm, $D_6(B_u) \leftarrow D_0(B_g)$ bei 613 nm, $D_8(B_u) \leftarrow D_0(B_g)$ bei 567 nm und $D_{10}(B_u) \leftarrow D_0(B_g)$ bei 540 nm. Zwei weitere dipolerlaubte (B_u) sowie zwei dipolverbotene (A_g) Übergänge werden oberhalb von 900 nm, außerhalb des zugänglichen Scanbereiches, vorhergesagt. Die symmetrierelevanten Auswahlregeln, die auf das Anion zutreffen, unterscheiden sich von denen der anderen beiden Ladungszustände. Infolge des ungeraden elektronischen Grundzustandes sind dipolerlaubte Übergänge nur auf A_g und B_g Zustände möglich, weshalb im entsprechenden theoretischen Spektrum etwas größere Unterschiede zum neutralen und kationischen Molekül erkennbar sind. Beim Vergleich mit den Messungen an ionisiertem DBR wird unmittelbar deutlich, dass praktisch keine Anionen während der FUV-Bestrahlung erzeugt wurden, da entsprechende Banden oberhalb von 600 nm im experimentellen Spektrum fehlen. Die Banden im Matrixspektrum werden deshalb im Folgenden einzig den DBR-Kationen zugeschrieben.

Abgesehen von einer manchmal falschen energetischen Reihenfolge von Zuständen kann man erkennen, dass die angewandte TDDFT-Methode relativ gut die Verhältnisse im elektronischen Spektrum des neutralen DBR-Moleküls widerspiegelt. Beispielsweise wird der $S_1(B_u) \leftarrow S_0(A_g)$ Übergang bei 536 nm prognostiziert, während die Ursprungsbande bei 540 gemessen wurde. Die zwei nahe beieinanderliegenden Übergänge $S_2(B_u) \leftarrow S_0(A_g)$ und $S_4(B_u) \leftarrow S_0(A_g)$ werden bei 448 und 427 nm vorhergesagt. Der schwächere der beiden (S_2), mit beobachtetem Ursprung bei 434 nm, ist verantwortlich für das Vibrationsmuster, das der breiten S_4 Bande zwischen 360 und 440 nm überlagert ist. Diese beiden Übergänge haben entsprechende Gegenstücke (mit vergleichbaren Positionen und Stärken) im Spektrum des Kations, wo sie in der Messung verbreitert und leicht rotverschoben erscheinen. Auf der roten Seite dieser Banden erscheint, abgesehen von den OH-Banden, die einzige scharfe Linie im Spektrum (in Abb. 3.18 mit * bei 540 nm markiert), das eventuell dem DBR-Kation zugeordnet werden könnte und laut Rechnung dem $D_{10} \leftarrow D_0$ Übergang entspräche. Allerdings besteht aufgrund des exakten Überlapps mit der $S_1 \leftarrow S_0$ Ursprungsbande des neutralen Moleküls sowie der angewandten Subtraktionsmethode die Möglichkeit, dass es sich hierbei nur um ein Artefakt der

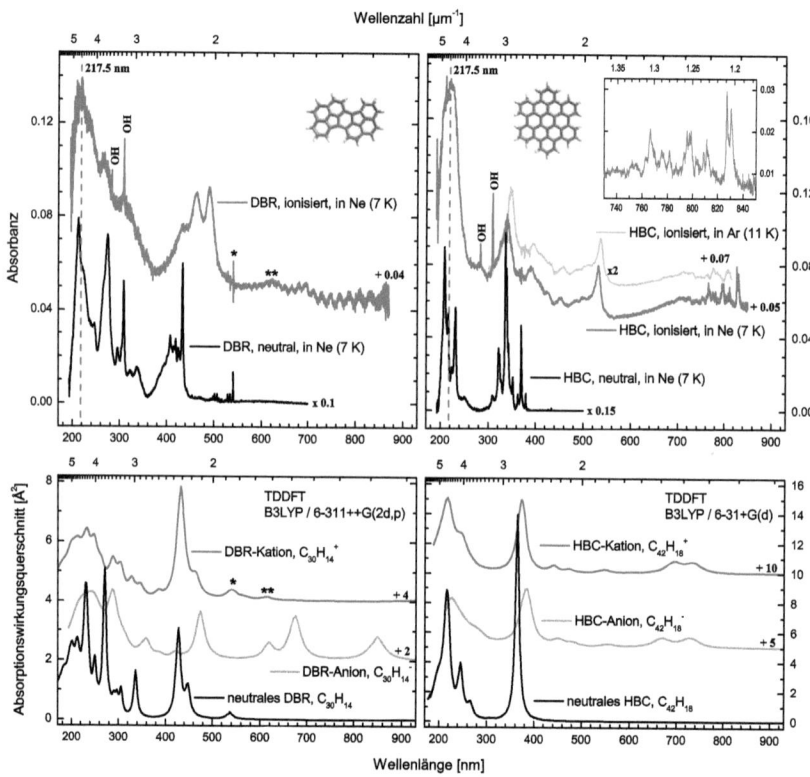

Abbildung 3.18: Gemessene Spektren von matrixisoliertem, neutralem und ionisiertem DBR ($C_{30}H_{14}$; oben links) und HBC ($C_{42}H_{18}$; oben rechts). Scharfe Banden, verursacht vom OH-Radikal, das durch Dissoziation von H_2O-Spuren in der Matrix erzeugt wurde, sind entsprechend markiert. Die Position des interstellaren UV-*Bumps* ist durch die vertikale gestrichelte Linie gekennzeichnet. Die berechneten Spektren von DBR und HBC in verschiedenen Ladungszuständen sind jeweils darunter abgebildet.

Auswertung handelt. Weiterhin ist eine schwache breite Bande (★★) um 623 nm zu erkennen, die eventuell mit dem $D_6 \leftarrow D_0$ Übergang in Verbindung gebracht werden kann.

Im Wellenlängenbereich zwischen 200 und 340 nm werden für das DBR-Kation mehr als hundert verschiedene elektronische Übergänge von der TDDFT-Rechnung vorhergesagt, von denen fast die Hälfte nichtverschwindende Oszillatorstärken aufweisen und demzufolge zur beobachteten breiten π-π^* Absorptionsstruktur mit Maximum bei etwa 215 nm beitragen. Abgesehen von kleineren Verschiebungen einzelner Peaks ähnelt dieses Bandensystem einer verbreiterten Variante der analogen π-π^* Struktur des neutralen Präkursors, was im Kern auf ähnliche Anregungsschemata elektronischer C-Typ-Übergänge zurückgeführt werden kann.

Infolge einer stärkeren Verbreiterung aller UV-Banden erscheint der bei 215 nm gipfelnde *Bump* des Kations sogar noch ausgeprägter als im neutralen Molekül.

HBC ($C_{42}H_{18}$)

Das Matrixspektrum des neutralen HBC-Moleküls wurde bereits in Abschnitt 3.2.3 diskutiert. Dessen berechnetes Spektrum (B3LYP/6-31+G(d); Abb. 3.18 rechts unten) ist in guter Übereinstimmung mit den MIS-Messungen (rechts oben), sowohl bezüglich der relativen Bandenstärken als auch in Hinsicht auf deren Positionen. Das neutrale HBC hat eine D_{6h} Grundzustandsgeometrie. Die Intensität seines $S_4(E_{1u}) \leftarrow S_0(A_{1g})$ Übergangs, berechnet bei 364 nm, ist in Wirklichkeit über ein kompliziertes Vibrationsmuster verteilt, welches sich aus a_{1g} Schwingungsmoden sowie hochangeregten Vibrationen eines energetisch niedrigeren, vom Grundzustand aufgrund symmetriebedingter Auswahlregeln nicht erreichbaren B_{1u} Zustandes zusammensetzt. Auch der eigentlich verbotene $S_1(B_{2u}) \leftarrow S_0(A_{1g})$ Übergang, von dem der erste schwache Peak eines nicht näher bestimmten vibrationsangeregten Zustandes bei 434 nm gemessen wurde, übernimmt etwas Intensität vom starken Übergang auf den $S_4(E_{1u})$ Zustand. Weitere intensive Banden sind, relativ gut von der Rechnung reproduziert, um die Position des interstellaren UV-*Bumps* (217.5 nm) lokalisiert.

Die spektroskopische Analyse und Interpretation des Spektrums von ionisiertem HBC in Ne erweist sich als etwas komplizierter. Der entartete Grundzustand im Kation bzw. Anion (Dublett) verursacht eine Jahn-Teller-Wechselwirkung, die im Endeffekt zu einer Reduzierung der Punktgruppensymmetrie (im Grundzustand) von D_{6h} auf D_{2h} führt. Dies verkompliziert im Weiteren die Zuordnung gemessener Banden mit Hilfe von DFT-Methoden, da diese bereits an der korrekten Berechnung der gestörten Grundzustandsgeometrie scheitern können (siehe z.B. Davidson & Borden, 1983; Russ et al., 2004).

Im Gegensatz zum ionisierten DBR kann diesmal anhand eines Vergleiches mit den TDDFT-Rechnungen ein möglicher anionischer Beitrag zum Spektrum der HBC-Ionen nicht ausgeschlossen werden. Das System aus Banden, dessen Ursprung in Ne um 830 nm liegt, könnte auf Übergängen des Kations und/oder Anions beruhen, die beide bei etwa 740 nm prognostiziert werden (B3LYP/6-31+G(d)). Im Gegensatz dazu wird der Anionenübergang von der Realraumimplementation der TDDFT des Octopus-Codes viel weiter im Roten bei ca. 1100 nm (0.88 μm^{-1}) vorhergesagt, während die entsprechende Kationenresonanz bei etwa 760 nm (1.31 μm^{-1}) verbleibt (siehe Abb. 3.16). Wie bereits erwähnt werden die Spektren matrixisolierter, ionisierter PAHs gewöhnlich von Kationenbanden dominiert. Dies sollte insbesondere für die hier angewandten niedrigen Dotiergrade gelten. Darüber hinaus spricht ein weiteres Argument für die Zuordnung der beobachteten Banden zum HBC-Kation. Die relativen Intensitäten der Banden scheinen nämlich nicht von der spezifischen Matrixumgebung (Ar oder Ne) abzuhängen. Die beiden unterschiedlichen Edelgasmatrizen wurden in unterschiedlichen experimentellen Aufbauten[12] unter leicht variierenden experimentellen Bedingungen, z.B. be-

---

[12] Das Ar-Spektrum wurde mit hilfe eines experimentellen Aufbaus erfasst, der an anderer Stelle beschrieben wird (Bouwman et al., 2009).

züglich des Hintergrunddruckes oder des Isolationsverhältnisses, hergestellt und vermessen. Unter der Annahme, dass das Kationen-zu-Anionenverhältnis in den unterschiedlichen Edelgasmatrizen infolge unterschiedlicher experimenteller Voraussetzungen variiert, sollten auch Variationen bei den relativen Bandenintensitäten beobachtet werden, falls diese Banden zu unterschiedlichen Ladungszuständen gehören sollten. Da dies nicht beobachtet wird, werden die Banden zwischen 300 und 800 nm wahrscheinlich nur von einem Ladungsträger, dem Kation, verursacht. (In der Tat sind, abgesehen von Positionsverschiebungen, die Spektren in Ar und Ne nahezu identisch.)

Die folgenden tendenziellen Zuordnungen basieren auf der Annahme, dass das beobachtete Spektrum der ionisierten HBC-Moleküle einzig auf die Kationen zurückgeführt werden kann. Der elektronische Grundzustand des Kations transformiert gemäß der B_{1g} irreduzierbaren Darstellung der D_{2h} Punktgruppe[13]. Elektronische Übergänge auf ^2A_u, $^2B_{2u}$ und $^2B_{3u}$ Zustände sind dipolerlaubt. Oberhalb von 500 nm enthält das theoretische Spektrum mehrere A-Typ-Übergänge auf das halbbesetzte Orbital. Dabei wird der niedrigste $D_1(B_{2g}) \leftarrow D_0(B_{1g})$ Übergang sogar weit oberhalb von 2 µm errechnet. Die beobachtete Bandenstruktur zwischen 750 und 835 nm könnte durch die folgenden berechneten Übergänge verursacht werden: $D_6(B_{3u}) \leftarrow D_0(B_{1g})$ bei 732 nm mit Oszillatorstärke $f = 0.038$, $D_7(A_u) \leftarrow D_0(B_{1g})$ bei 724 nm mit $f = 0.039$ und $D_8(B_{3u}) \leftarrow D_0(B_{1g})$ bei 686 nm mit $f = 0.081$. Ein weiterer Übergang, $D_9(A_u) \leftarrow D_0(B_{1g})$, wird bei 542 nm vorhergesagt, in direkter Nähe zur gemessenen breiten Bande mit Maximum bei 531 nm. Allerdings scheint die Rechnung die Stärke dieses Übergangs ($f = 0.025$) deutlich zu unterschätzen, was eventuell auf eine von der Dichtefunktionaltheorie unterbewertete Jahn-Teller-Störung des Grundzustandes zurückzuführen ist.

Für Wellenlängen unterhalb von 400 nm ist ein starker Anstieg der Dichte elektronischer Übergänge zu verzeichnen, so dass eine detaillierte spektroskopische Analyse praktisch nicht mehr durchgeführt werden kann. Der Vergleich von ionisiertem HBC in zwei verschiedenen Matrixumgebungen (Ar und Ne) veranschaulicht einen wichtigen Aspekt der Absorptionsspektren von PAH-Kationen in diesem Wellenlängenbereich. Wie zuvor auch schon beim DBR enthält das Spektrum der HBC-Ionen in diesem Bereich breite Banden, die verbreiterten Versionen von analogen Banden im neutralen Molekül ähneln. Vornehmlich erscheint die π-π^* Struktur des Kations um 217.5 nm noch stärker als beim neutralen Molekül hervorgehoben. Falls die starke Bandenverbreiterung auf matrixinduzierte Effekte zurückzuführen wäre, so würde man breitere Banden in der Ar-Matrix erwarten, da derartige wechselwirkungsbedingte Effekte stärker bei Matrixatomen mit höherer Polarisierbarkeit wirken. Die Formen und Breiten der Banden unterhalb von 600 nm scheinen jedoch nicht von der gewählten Edelgasmatrix abzuhängen, was eher einen intrinsischen Effekt, z.B. sehr kurze Lebensdauern der angeregten Zustände, nahelegt. Unter dieser Voraussetzung dürften die Gasphasenspektren kalter, mittelgroßer bis großer PAHs, wie DBR und HBC, im Spektralbereich $\lambda < 400$ nm den Matrix-

---

[13]Die angegebenen Symmetrien beziehen sich auf ein Koordinatensystem, in dem das Molekül in der y-z-Ebene ($x = 0$) lokalisiert ist. Die z-Achse schneidet dabei die C-Atome und definiert zudem die Richtung, in der die molekulare Struktur elongiert ist.

spektren hinsichtlich der Breiten und Formen der diversen Banden stark ähneln. Allerdings sind kleinere Wellenlängenverschiebungen aufgrund der Wechselwirkung mit der Matrix zu erwarten. Die matrixinduzierte Rotverschiebung wird beim Vergleich der Spektren des HBC-Ions in Ar und Ne offensichtlich.

3.5 Zusammenfassung

Im Verlaufe dieser Arbeit wurden die elektronischen Absorptionseigenschaften einzelner PAHs unterschiedlicher Größen und Symmetrien untersucht. Dabei kamen sowohl experimentelle Methoden wie die MIS als auch theoretische Berechnungsverfahren zum Einsatz. Des Weiteren wurden erstmalig im UV-VIS-Spektralbereich Molekülmischungen aus der Laserpyrolyse analysiert. Mit Hilfe der Laserpyrolyse kann im Labor, im Rahmen gewisser experimenteller Beschränkungen, die Staubkondensation (nach homogener Keimbildung) masseausstoßender AGB-Sterne simuliert werden. Die experimentellen Bedingungen lassen sich dabei so wählen, dass hauptsächlich PAHs gebildet werden. Die UV-VIS-Spektren derartig hergestellter PAH-Mischungen, bei denen die kleineren Moleküle ($\lesssim$ 22 C-Atome) entfernt wurden bzw. in nur noch geringen Mengen vorkamen, offenbarten sogar dann eine nahezu glatte und strukturlose Absorptionskurve, wenn die Einzelkomponenten voneinander isoliert in einer kryogenen Ne-Matrix vorlagen. Nur falls ausreichende Mengen kleiner PAHs vorhanden sind, erscheinen unterhalb von 400 nm scharfe Banden auf dem kollektiven π-π^* Anstieg der Extinktionskurve. Bei Beobachtungen mit hoher spektraler Auflösung und Sensitivität konnten im UV-Bereich jedoch keine DIB-ähnlichen scharfen Absorptionsbanden im ISM gefunden werden (Clayton et al., 2003; Gredel et al., 2011), was die Abwesenheit bzw. das geringe Vorhandensein freifliegender PAHs dieser Dimensionierung ($\lesssim$ 22 C-Atome) impliziert. Dies wäre im Übrigen auch in Übereinstimmung mit den Größenbeschränkungen interstellarer PAHs, wie sie ausgehend von den Beobachtungen der AIBs abgeleitet wurden.

In dünnen PAH-Filmen, die auf transparenten Fenstern abgeschieden wurden, wirken starke intermolekulare Kräfte, die in den Absorptionsspektren zu Bandenverbreiterungen und Rotverschiebungen führen. Ähnliche Absorptionsspektren sind auch für lose, hinreichend große van-der-Waals-gebundene PAH-Cluster zu erwarten. (In Abhängigkeit von der Clustergröße können dabei noch zusätzliche Streueffekte auftreten.) Das Vorhandensein solcher Cluster im ISM wird aufgrund breiter AIBs mit starkem Untergrund vermutet (Tielens, 2008). Sie weisen spektrale Ähnlichkeiten mit nanoskaligen Kohlenstoffpartikeln auf und zeigen eine ausgeprägte UV-Bande, deren Form und Breite für PAH-Mischungen mit mehr als 22 C-Atomen pro Molekül nahezu identisch zum interstellaren UV-*Bump* sind. Die Wellenlängenposition dieser UV-Bande wird durch die mittlere Größe der PAHs bestimmt. Ausgehend von theoretischen Vorhersagen (semiempirisch und TDDFT) ist eine Verschiebung nach 217.5 nm, der Position der interstellaren Bande, für im Mittel ungefähr 50–60 C-Atome pro Molekül zu erwarten, was ebenfalls konsistent mit den AIBs wäre. Kleine PAHs würden entweder aus bisher ungeklärter Ursache gar nicht erst entstehen oder infolge interstellarer Bestrahlung zerstört werden, was, zumindest theoretisch, prinzipiell vorstellbar wäre (Jochims et al., 1994; Allain et al., 1996). Derartig große PAHs, ob als Cluster oder freifliegend, zeichnen sich des Weiteren durch eine starke Photolumineszenz mit hoher Quantenausbeute im Wellenlängenbereich der ERE aus. Für DBR wurde gezeigt, dass die Anregungswellenlänge dabei nur einen unwesentlichen Einfluss auf das Fluoreszenzspektrum hat, so dass die im Labor nach monochromatischer Laseranregung gemessenen PL-Spektren im Prinzip mit den astronomischen Beobachtungsdaten (Breitband-UV-Anregung) verglichen werden können[14]. Einige Punkte sprechen jedoch dagegen, PAHs als Träger der ERE zu identifizieren (Witt et al., 2003). Unter anderem scheint die ERE nicht mit dem interstellaren UV-*Bump* korreliert zu sein. Weiterhin wird sie offenbar nur in Regionen beobachtet, in denen Photonen mit E > 7.25 eV reichlich vorhanden sind. Während große PAHs aber schon bei weitaus geringeren Anregungsenergien leuchten, führen Photonen höherer Energien ($\gtrsim$ 6 – 8 eV) bereits zur Ionisation. Einfache PAH-Kationen zeigen hingegen keine PL im Sichtbaren, da sie über IR-Fluoreszenz komplett auf den Grundzustand relaxieren können. Um einige der beobachteten Einschränkungen zu erklären, wurden kürzlich ionisierte PAH-Cluster, aus nur wenigen Moleküleinheiten bestehend, mit abgeschlossenen Orbitalen (*closed-shell*) als ERE-Träger vorgeschlagen (Rhee et al., 2007).

Detaillierte Untersuchungen (MIS & TDDFT) wurden an einzelnen, aus maximal 66 C-Atomen aufgebauten PAHs durchgeführt. Im UV-VIS teilen diese großen Moleküle im Wesentlichen zwei spektroskopische Merkmale. Das erste wäre die bereits erwähnte UV-Bande unterhalb von 230 nm, die für PAHs mit ausreichender Dimensionierung im Mittel bei 217.5 nm liegt. Bei kürzeren Wellenlängen werden die Absorptionsspektren durch die extrem breite σ-σ^* Bande dominiert. Wie für HBC demonstriert wurde, ist deren Absorptionsbeginn bei etwa 125 nm zu finden. Die Lücke, die dadurch zwischen der energetisch höchsten π-π^* Resonanz und dem Beginn der σ-σ^* Bande entsteht, vereinbart sich sogar für Sichtlinien mit niedriger FUV-Extinktion sehr gut mit der beobachteten interstellaren Extinktionskurve. In jener ist zudem eine Schulter bei etwa 400 nm zu erkennen, die ebenfalls durch die PAH-Population verursacht sein könnte. In den Spektren der als Film aufgedampften Mischungen aus der Laserpyrolyse sowie den künstlichen PAH-Mischungen, deren Absorbanz mittels ZINDO berechnet wurden, deutet sich ebenfalls eine derartige Schulter an, die, ähnlich wie der UV-*Bump*, auf eine Häufung elektronischer Banden in diesem Spektralbereich zurückzuführen ist.

Erstmalig wurde, am Beispiel der Moleküle DBR ($C_{30}H_{14}$) und HBC ($C_{42}H_{18}$), experimentell untersucht, welchen Einfluss eine Photoionisation auf die π-π^* Banden unterhalb von 400 nm hat. Im Wesentlichen konnte eine Verbreiterung in Kombination mit geringen Wellenlängenverschiebungen individueller Banden beobachtet werden. Die genannten Verschiebungen könnten zum Teil auf unterschiedlich starke Wechselwirkungskräfte zwischen den untersuchten Spezies und den Matrixatomen zurückgeführt werden. (Für die Kationen sind stärkere

---

[14]Die PL hydrierter amorpher Kohlenstoffe beispielsweise hängt dagegen von der Anregungswellenlänge ab und zeigt bei UV-Anregung Fluoreszenz im Blauen, weshalb diese Materialien nicht als Träger der ERE in Frage kommen. Eine Übersicht und kritische Diskussion aller vorgeschlagenen ERE-Träger sind in der Publikation von Witt et al. (2003) zu finden.

Wechselwirkungen zu erwarten.) Auf die Position der gesamten π-π^* Absorptionsstruktur mit Maximum um 217.5 nm hat die Ionisation jedoch kaum einen Einfluss, was in einer hohen Übergangszustandsdichte in diesem Energiebereich sowie analogen Anregungsschemata der Elektronen im neutralen und kationischen Molekül begründet liegt.

Die Spektren ionisierter, aber auch neutraler PAHs, beispielsweise solcher mit irregulärer Struktur, weisen abgesehen von den energetisch niedrigsten Übergängen ($D_{1,2} \leftarrow D_0$ bzw. $S_{1,2} \leftarrow S_0$) mitunter äußerst breite Banden auf, deren Formen und Breiten in verschiedenen Matrizen (Ar, Ne) zudem identisch sind. Insbesondere trifft dies auf die Banden um 217.5 nm zu, die viel breiter sind, als man ausgehend von typischen Wechselwirkungseffekten in kryogener Edelgasmatrix erwarten würde. Deshalb sind dafür wahrscheinlich intrinsische Effekte, wie etwa eine geringe Lebensdauer im elektronisch angeregten Zustand oder FC-Vibrationsverbreiterungen, verantwortlich zu machen, woraus unmittelbar folgt, dass analoge Bandenformen und -breiten auch für Moleküle zu erwarten sind, die in der Gasphase bei tiefen Temperaturen vorliegen. Lediglich kleine Bandenverschiebungen müssten berücksichtigt werden.

Falls der interstellare UV-*Bump* tatsächlich ein kollektives Merkmal der interstellaren, anhand der AIBs nachgewiesenen PAH-Population ist, könnten die beobachteten Eigenschaften dieser Bande wie folgt erklärt werden: die variierende Breite verschiedener Sichtlinien könnte ein Indiz für unterschiedliche Ionisationsgrade (Anteil ionisierter PAHs) sein - alternativ könnte dies auch eine breitere PAH-Verteilung anzeigen. (Auch beides zusammen ist möglich.) Die nahezu feste Wellenlängenposition lässt sich wahrscheinlich nur durch eine mehr oder weniger feste mittlere Größe der Moleküle in der Mischung erklären. Innerhalb der Grenzen möglicher Ungenauigkeiten astronomischer Beobachtungen und rechentechnischer Limitierungen wurde geschlussfolgert, dass der Absorptionsquerschnitt der PAH-Bande im UV groß genug wäre, um die beobachtete Stärke des interstellaren UV-*Bumps* zu erklären. Ohnehin gäbe es kein anderes, auf Kohlenstoff basierendes Material, das eine intensivere UV-Bande erzeugen könnte. Diese wird letztendlich durch aromatische Grapheneinheiten verursacht, deren mittlere Größen die Wellenlängenposition bestimmen. Der integrierte Absorptionswirkungsquerschnitt pro C-Atom ist dabei im Wesentlichen unabhängig von der Größe der Graphenebenen. Reduziert man den aromatischen Charakter, indem man, wie z.B. bei amorphen hydrierten Kohlenstoffen (HACs), aliphatische Komponenten beimischt, so wird naturgemäß immer mehr Kohlenstoff im Material eingelagert, der nicht zur UV-Bande beiträgt. Akzeptiert man die Hypothese, dass der UV-*Bump* durch ein Material auf Kohlenstoffbasis zurückzuführen ist, so haben idealerweise PAHs die stärkste UV-Bande unter den möglichen Strukturen und können so am ehesten die Häufigkeitsbeschränkungen erfüllen.

Ausgehend von astronomischen Beobachtungen würde man erwarten, dass im Ausfluss C-reicher Sterne u.a. auch HACs auskondensieren und in das ISM injiziert werden (Mathis, 1990). Aktuelle Laboruntersuchungen an derartigen Materialien zeigen die Vergrößerung des aromatischen Anteils durch UV-Bestrahlung und das Erscheinen einer breiten UV-Bande um 217.5 nm (Gadallah et al., 2011). Allerdings ist diese im Vergleich mit der interstellaren UV-Bande zu breit, eventuell weil die elektronischen π-Resonanzen durch physikalische und chemische Bindungen zwischen den aromatischen Untereinheiten in den HACs beeinflusst werden. Zudem wird scheinbar etwas mehr Kohlenstoff benötigt als für den interstellaren Staub zur Verfügung steht, was u.U. durch einen zu hohen Anteil aliphatischer Komponenten erklärt werden könnte. Eine weitere chemische Prozessierung, z.b. durch FUV-Bestrahlung und von Supernovae ausgelösten Schocks, könnte zur Zerstörung derartiger (aliphatischer) Strukturen führen und durch die Freisetzung größerer aromatischer Einheiten zur interstellaren PAH-Population beitragen.

PAHs und deren Kationen gelten im Kontext möglicher DIB-Träger oft als aussichtsreiche Kandidaten. Allerdings können die hier untersuchten, neutralen PAHs diese Vermutung nicht bestätigen. Die Situation für die größten unter ihnen, DBR und HBC, ist in separaten Publikationen beschrieben (Rouillé et al., 2009, 2011). Von diesen beiden Molekülen ist lediglich der $S_1 \leftarrow S_0$ Übergang in DBR scharf genug und liegt im relevanten Wellenlängenbereich. Eine Extrapolation der Gasphasenposition anhand der Daten in verschiedenen Matrizen lässt jedoch keine DIB-Übereinstimmung erwarten. Das DBR-Kation hat hingegen überhaupt keine Banden unterhalb von 850 nm, die schmal genug wären, um als DIB-Träger in Frage zu kommen. Abgesehen von einem Bandensystem zwischen 750 und 840 nm, das wahrscheinlich von mehr als nur einem elektronischen Übergang verursacht wird, sind auch die Banden von ionisiertem HBC zu breit. Das Bandensystem ist bereits relativ komplex und müsste für mehrere DIBs verantwortlich sein. Zudem wäre eine recht hohe, aber für ein Kation wahrscheinlich nicht vollständig auszuschließende, matrixinduzierte Wellenlängenverschiebung von über 360 cm^{-1} erforderlich, um die Banden des HBC-Ions in Übereinstimmung mit DIB-Absorptionen zu bringen (Abb. 3.19 links). Es wäre allerdings fragwürdig, ob diese Banden in der Gasphase schmal genug wären. Die wenigen bisher im Überschallstrahl untersuchten, kleinen PAH-Kationen (z.B. Naphthalen, $C_{10}H_8^+$, Biennier et al. (2008); Anthracen, $C_{14}H_{10}^+$, Sukhorukov et al. (2004)) zeigten ausnahmslos eher breite Absorptionen[15]. Ob die angesprochenen Banden freifliegender HBC-Ionen in Übereinstimmung mit irgendwelchen DIBs sind, ließe sich letztlich nur klären, nachdem entsprechende Gasphasenmessungen durchgeführt wurden. Da HBC im für interstellare PAHs relevanten Größenbereich liegt und zudem aufgrund seiner Struktur besonders stabil ist, könnte man mit relativer Sicherheit neutrale oder ionisierte PAHs als DIB-Träger generell ausschließen, falls sich bei diesen Untersuchungen herausstellen sollte, dass Banden des HBC-Kations nicht auf der interstellaren Extinktionskurve erscheinen.

Aufgrund der zu erwartenden strukturellen Komplexität und Vielfalt erscheint es jedoch unwahrscheinlich, dass ein einzelnes PAH in ausreichender Häufigkeit vorkommt, um für eine der, im Vergleich wenigen, knapp 400 DIBs verantwortlich zu sein. Zudem sprechen noch weitere Indizien gegen PAHs als Träger dieser Banden. Bereits die Spektren hochsymmetrischer Moleküle, wie sie hier hauptsächlich untersucht wurden, können äußerst komplex sein

---

[15]Die breiten Absorptionsbanden weisen ein lorentzförmiges Profil auf und sind auf verkürzte Lebensdauern der elektronisch angeregten Zustände zurückzuführen. Beispielsweise beträgt beim Naphthalen-Kation die Lebensdauer im D_2-Zustand sowohl in der Matrix als auch in der Gasphase lediglich etwa 200 fs (Biennier et al., 2008).

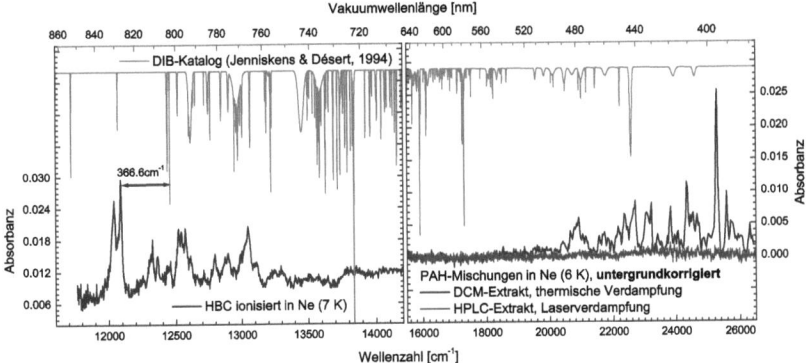

Abbildung 3.19: Links: Einfach ionisiertes HBC *in Ne-Matrix* im Vergleich mit den DIBs. Der Pfeil soll lediglich den Abstand zu der entsprechenden DIB aufzeigen, keinen direkten Zusammenhang implizieren. Rechts: *Untergrundkorrigierte* Spektren von PAH-Mischungen aus der Laserpyrolyse *in Ne*. Scharfe Banden sind nur beim DCM-Extrakt bis etwa 480 nm zu erkennen. Der HPLC-Extrakt enthält etwas größere PAHs in zudem größerer chemischer Variabilität. Die Originalspektren zeigen Absorption bis etwa 600 nm (siehe Abb. 3.14).

und enthalten neben breiten Banden mitunter komplizierte Vibrationsmuster und Zwischenstrukturen (ILS). Die Spektren im All zu erwartender irregulärer PAHs, die keine Symmetrieelemente aufweisen, dürften noch weitaus komplexer ausfallen. In der Summe würde sich eine glatte Extinktionskurve ohne erkennbar scharfe Banden ergeben, wie sie bereits bei geeigneten PAH-Mischungen aus der Laserpyrolyse zu erkennen war (Abb. 3.19 rechts).

Kapitel 4

Diamantoide

4.1 Vorbetrachtungen

4.1.1 Einleitung, astrophysikalischer Kontext

In diesem Kapitel werden die spektroskopischen Untersuchungen auf eine weitere Klasse großer Moleküle mit C-Kerngerüst ausgedehnt, die ebenfalls als interstellare Staubkomponenten in Frage kommen, bzw. für deren Existenz bereits Indizien vorhanden sind. Die folgenden Abschnitte orientieren sich dabei im Wesentlichen an den Ausführungen eines bereits veröffentlichten Fachbeitrags, in dem die elektronischen Absorptionseigenschaften neutraler und ionisierter, diamantartiger Kohlenwasserstoffe beschrieben werden (Steglich et al., 2011b).

Mikro- und Nanopartikel auf Kohlenstoffbasis mit diamantähnlicher Struktur, d.h. sp^3- Hybridisierung der C-Atome, sind vermutlich ein nicht unwesentlicher Bestandteil der interstellaren Materie (Henning & Salama, 1998). Kleine Nanodiamanten mit etwa 1 bis 3 nm Durchmesser konnten aus meteoritischem Gestein extrahiert werden. In den primitiven Meteoriten sind sie dabei die am häufigsten vertretenen Staubkörner präsolaren Ursprungs (Lewis et al., 1987; Anders & Zinner, 1993; Jones et al., 2004). Am unteren Ende der Größenskala stellen sogenannte Diamantoide das molekulare Gegenstück zu den Nanodiamanten dar. Diese speziellen Kohlenwasserstoffe können als Aneinanderreihung einer begrenzten Anzahl von Diamant-Einheitszellen aufgefasst werden, wobei die offenen Bindungen an den Rändern mit H-Atomen abgesättigt sind. Die diamantartige Struktur verursacht eine erstaunliche Härte und Steifheit und sorgt zudem für bemerkenswerte thermodynamische sowie elektronische Eigenschaften auf molekularer Ebene. Das kleinstmögliche Diamantoidmolekül ist Adamantan ($C_{10}H_{16}$), das aus nur einem Diamantkäfig aufgebaut ist, gefolgt von Diamantan ($C_{14}H_{20}$) aus zwei sowie Triamantan ($C_{18}H_{24}$) aus drei Käfigen. Bei größeren Diamantoiden besteht die Möglichkeit, die Käfige auf verschiedene Art und Weise miteinander zu verbinden. Beispielsweise hat Tetramantan ($C_{22}H_{28}$), das aus vier Käfigen besteht, bereits vier verschiedene Isomere, wovon zwei allerdings enantiomer sind und sich spektroskopisch nicht voneinander unterscheiden. Angefangen bei Pentamantan (5 Käfige) existieren des Weiteren multiple Gewichtsklassen, da die zusammengefügten Käfige an ihrer Schnittstelle je nach Konfiguration unterschiedlich viele gemeinsame C-Atome aufweisen können (Dahl et al., 2003). Auf der Erde wurden Diamantoide in einigen natürlichen Erdgas- und Erdölvorkommen gefunden. Insbesondere Diamantanmoleküle bilden aufgrund ihrer thermodynamischen Eigenschaften (Dampfdruck) und Stabilität gegenüber anderen Kohlenwasserstoffen einen häufig vorkommenden Niederschlag im Inneren von Gaspipelines (Reiser et al., 1996). Kürzlich gelang es Dahl et al. (2003), Diamantoide bestehend aus bis zu elf Diamanteinheitszellen aus Erdöl zu isolieren, welches aus Vorkommen im Golf von Mexiko stammt. Da größere Diamantoide mit herkömmlichen chemischen Verfahren praktisch nicht synthetisierbar sind (McKervey, 1980), ermöglichte dies die ersten IR-spektroskopischen Untersuchungen an diesen Molekülen, und man brachte sie schnell in einen möglichen Zusammenhang mit bestimmten IR-Banden astrophysikalischer Objekte (Oomens et al., 2006; Bauschlicher et al., 2007; Pirali et al., 2007).

Die IR-Absorption verschiedener Diamantoidpulver (bis zu Hexamantan) wurde bei Raumtemperatur von Oomens et al. (2006) gemessen. In Übereinstimmung mit DFT-Rechnungen traten dabei die CH-Streckschwingungen zwischen 3.4 und 3.6 µm, hervorgerufen durch die H-passivierte Oberfläche, als stärkste spektroskopische Strukturen zu Tage. Kurze Zeit später wurde die IR-Emission von heißem (500 K), gasförmigem Adamantan, Diamantan und Triamantan im Bereich der CH-Streckschwingungsbanden gemessen (Pirali et al., 2007). Wie zu erwarten, zeigten die Bandenpositionen der pulverförmigen Proben kleine Rotverschiebungen im Vergleich zu den Messungen in der Gasphase. In Kombination mit theoretischen Berechnungen konnten Pirali et al. (2007) basierend auf den IR-Spektren von Oomens et al. (2006) zudem Zuordnungen für zwei IR-spektroskopische Merkmale treffen, die in zwei unterschiedlichen astrophysikalischen Objekten beobachtet werden. Zum einen wäre das die ungewöhnliche IR-Emission zweier Banden bei 3.43 und 3.53 µm, die von Elias 1 und der inneren Region der zirkumstellaren Scheibe um HD 97048 (Habart et al., 2004) ausgeht. Die IR-Spektren dieser Objekte werden im sonstigen Spektralbereich durch die wohlbekannten aromatischen Emissionsbanden der PAHs dominiert. Guillois et al. (1999) konnten zwar zuvor bereits zeigen, dass die Absorptionsbanden wasserstoffterminierter Nanodiamanten von *mindestens* 50 nm Durchmesser Banden bei 3.43 und 3.53 µm mit dem korrekten Intensitätsverhältnis aufweisen, allerdings nur, wenn diese auf recht hohe Temperaturen von etwa 1000 K geheizt werden, was, insbesondere in Hinblick auf die große Bandlücke der Teilchen, nur für sehr geringe Entfernungen zur UV-Strahlungsquelle (dem zentralen Stern) möglich ist. Eine alternative Erklärung für die ungewöhnlichen Emissionsbanden könnten Diamantoidmoleküle bestehend aus etwa 130 C-Atomen liefern (Pirali et al., 2007), die in der Größe den kleinsten aus Meteoriten isolierten Nanodiamanten entsprechen. Aufgrund der weitaus geringeren Größe lässt sich eine effiziente IR-Emission durch stochastisches Heizen nach Absorption von einzelnen UV-Photonen erreichen (analog zum Emissionsmodell für PAHs), während bei den größeren Nanoteilchen IR-Emission nur dann beobachtet werden kann, wenn thermodynamisches Gleichgewicht bei sehr hohen Temperaturen (etwa 1000 K) vorliegt. Aufgrund des großen Oberflächen-zu-Volumen-Verhältnisses benötigt man des Weiteren weniger Kohlenstoff, der in den Diamantoidmolekülen gebunden ist, um die gleiche CH-Bandenstärke zu erreichen wie für ein Nanoteilchen. Allerdings muss ein Selektionsprozess dafür sorgen, dass lediglich (die vermutlich stabilsten) Diamantoide mit tetrahedraler Struktur vorkommen, da nur diese die Banden bei 3.43 und 3.53 μm im korrekten Intensitätsverhältnis aufweisen (Pirali et al., 2007).

Das zweite, zuvor erwähnte, astrophysikalische Merkmal ist eine breite (FWHM 0.09 μm) Absorptionsbande bei 3.47 μm, die in den Absorptionsspektren diverser, in Sichtlinien junger Sterne befindlicher dichter Molekülwolken auftaucht, jedoch nicht im diffusen interstellaren Medium beobachtet werden kann (Allamandola et al., 1992, 1993). Pirali et al. (2007) haben gezeigt, dass beim Aufsummieren aller von Oomens et al. (2006) gemessenen Diamantoid-Spektren die CH-Streckschwingungsbanden der verschiedenen Moleküle (bis Hexamantan) in eine breite Struktur um 3.47 μm verschmelzen, nicht unähnlich der beobachteten astrophysikalischen Absorptionsbande, was einen möglichen, nicht unwesentlichen Beitrag kleiner Diamantoide nahe legt (Abb. 4.1). Da die Intensität dieser interstellaren Bande mit der Intensität der 3.08 μm H_2O-Bande korreliert werden konnte, vermutet man, dass die zugehörigen Moleküle bzw. Nanoteilchen auf vereisten Staubpartikeln in der vor starker Strahlung abgeschirmten Umgebung der Molekülwolken gebildet werden (Brooke et al., 1996). Dass solch ein Entstehungsprozess von diamantartigem Material prinzipiell möglich ist, konnte durch aktuelle Laborexperimente bestätigt werden. Kouchi et al. (2005) fanden nanoskopische Diamantkristallite in unter Laborbedingungen hergestellten und UV-bestrahlten Analoga interstellarer Eise. Basierend auf den berechneten Intensitäten der CH-Streckschwingungsbanden müssten nur etwa 1–3% der vorhandenen kosmischen C-Menge in kleinen Diamantoiden gebunden sein, um die beobachtete Stärke der 3.47 μm-Bande zu erklären (Bauschlicher et al., 2007). Berechnete Ionisationspotenziale sowie IR-Spektren der einfach ionisierten Diamantoidmoleküle lassen zudem die Möglichkeit eines kationischen Beitrags zur interstellaren Absorptionsbande offen (Bauschlicher et al., 2007). Allerdings sind die CH-Streckschwingungsbanden der Kationen im Vergleich zu den neutralen Molekülen etwa um das zwei- bis dreifache schwächer. Stattdessen treten Banden bei längeren Wellenlängen (6–18 μm), z.B. hervorgerufen durch CH-Biegeschwingungen, stärker zu Tage, die eventuell benutzt werden könnten, um ionisierte Diamantoide im All aufzuspüren.

Verglichen mit der starken IR-Emission der PAHs, ausgelöst durch die Absorption eines UV-Photons, ist der analoge Emissionsprozess bei eventuell im All vorhandenen Diamantoiden aufgrund der weit im UV liegenden elektronischen Bandlücke (6–7 eV; Landt et al., 2009a,b) weitaus weniger effizient. TDDFT-Rechnungen implizieren zwar Absorptionsbanden im Sichtbaren und nahen IR für die Kationen aufgrund der offenen Schalenstruktur (siehe Abschnitt 4.2), jedoch sind diese Übergänge ziemlich schwach, so dass eine effiziente IR-Emission, ähnlich wie bei den neutralen Molekülen, nur in Gebieten mit hochenergetischer, intensiver UV-Strahlung zu erwarten ist. Dies könnte auch erklären, weshalb die 3.43 und 3.53 μm Emissionsbanden bisher nur in zwei Objekten (HD 97048 und Elias 1) beobachtet wurden.

Das gemessene Ionisationspotenzial der Diamantoide ist mit 8–9 eV (Lenzke et al., 2007) nur etwas höher als deren Bandlücke. Die Photoionisationsrate erreicht ihr Maximum bei

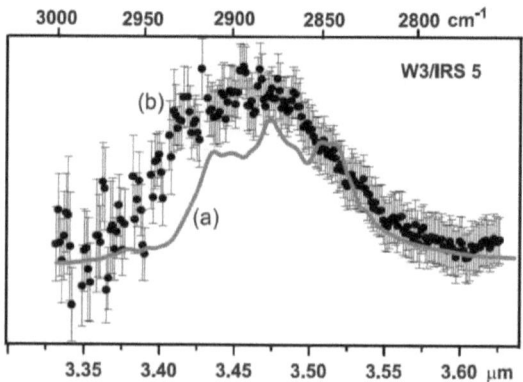

Abbildung 4.1: Interstellare IR-Absorption bei 3.47 µm (a; Brooke et al., 1996) im Vergleich mit der Summe aller im Labor von Oomens et al. (2006) gemessener Spektren (b). Zu beachten ist die Rotverschiebung des Laborspektrums der pulverförmigen Diamantoide, weshalb im Falle gasförmiger Moleküle eine bessere Übereinstimmung mit der interstellaren Bande zu erwarten ist. Die Abbildung wurde der Veröffentlichung von Pirali et al. (2007) entnommen.

Energien von etwa 10–11 eV (Lenzke et al., 2007), was in etwa der Energie der Lyα-Emissionslinie des Wasserstoffs (10.2 eV) entspricht. Deshalb kann von einer effizienten Ionisation von Diamantoiden in den angesprochenen, stark UV-bestrahlten Regionen des Alls ausgegangen werden. Konsequenterweise sollte geklärt werden, ob die so erzeugten Kationen überhaupt stabil sind und, falls dem so wäre, was deren spektroskopische Fingerabdrücke sind. Wie bereits erwähnt würde man schwache Absorptionsbanden bis in den nahen IR-Bereich durch elektronische Übergänge auf oder ausgehend von den halbbesetzten Molekülorbitalen erwarten. Diese Übergänge sollten mit Hilfe elektronischer Spektroskopiemethoden nachweisbar sein. Da jedoch infolge der Ionisation Elektronen direkt aus den σ-Bindungen entfernt werden, ist, bedingt durch die damit verbundene Schwächung der Bindungen, die Dissoziation des Moleküls (Zerstörung einer CH-Bindung) prinzipiell vorstellbar. In der Tat wurde dieses Verhalten für die drei kleinsten Diamantoide beobachtet. Polfer et al. (2004) sowie Pirali et al. (2010) haben mit Hilfe einer indirekten Messmethode[1] die IR-Spektren von zuvor durch thermisches Verdampfen in die Gasphase gebrachten Adamantan-, Diamantan- und Triamantanmolekülen gemessen, die mit Hilfe einer Ladungstransfermethode, ebenfalls indirekt, einfach positiv ionisiert wurden. Beim Vergleich mit gerechneten IR-Spektren einfach dehydrierter Diamantoidkationen zeigte sich, dass diese Ionisationsmethode mit einer simultanen H-Abspaltung einhergeht, welche bevorzugt an den CH-Gruppen, jedoch nicht an den CH_2-Gruppen, stattfindet. Unklar ist jedoch, ob die beobachtete H-Abspaltung so auch unter astrophysikalischen Bestrahlungsbedingungen (UV-Photonen) stattfindet.

---

[1] wellenlängenabhängige Moleküldissoziation nach Absorption von IR-Laserstrahlung

In den folgenden Abschnitten werden die elektronischen Absorptionsspektren der vier kleinsten Diamantoide und deren Photoprodukte vorgestellt. Die Ionisation der matrixisolierten Spezies wurde mit FUV-Photonen einer H_2-Entladungslampe durchgeführt. Experimentelle Voruntersuchungen an Adamantan und Diamantan im infraroten Spektralbereich sind in Abschnitt 4.1.2 vorzufinden. Die Interpretation der Laborspektren wird dabei durch DFT- und TDDFT-Rechnungen unterstützt, die zudem Vorhersagen für vom Experiment nicht erfassbare Spektralbereiche ermöglichen. Die Ergebnisse dieser Experimente sollen einen möglichen Nachweis diamantähnlicher Moleküle im All anhand spektroskopischer Charakteristika unterstützen. Des Weiteren können die ermittelten elektronischen Absorptionswirkungsquerschnitte dazu verwendet werden, durch stochastisches Heizen nach UV-Photonenabsorption ausgelöste Emissionsprozesse im IR präzise zu berechnen.

4.1.2 Voruntersuchungen mittels IR-Spektroskopie

Da die untersuchten Diamantoide im neutralen Zustand keine elektronischen Absorptionsbanden im für die Matrixisolationsspektroskopie zugänglichen UV-VIS Wellenlängenbereich aufweisen, wurden IR-spektroskopische Voruntersuchungen durchgeführt, um herauszufinden, ob und bei welcher Temperatur diese Moleküle verdampft und in die Matrix eingebaut werden können. Des Weiteren kann auf diese Weise die Qualität der Substanzen überprüft werden. Verunreinigungen durch z.B. adsorbierte Wassermoleküle wären im Infraroten erkennbar. In größeren Mengen würden solche Verunreinigungen, insbesondere in Hinblick auf die durchzuführende FUV-Bestrahlung, Probleme bereiten, da Reaktionen mit unerwünschten Photoprodukten nicht auszuschließen wären. Die Untersuchungen wurden mit Hilfe des Bruker 113v Fourier-Transform-IR-Spektrometers des Astrophysikalischen Instituts Jena mit einem MIS-Aufbau, ähnlich dem in Abschnitt 2.1.2 beschriebenen Aufbau (mit vergleichbaren geometrischen Abmessungen), durchgeführt. Die gemessenen Spektren der Moleküle Adamantan und Diamantan, die in kryogener Ne-Matrix isoliert wurden, sind in den Abbildungen 4.2 und 4.3 dargestellt. Die größeren Diamantoide Triamantan und Tetramantan standen zum Zeitpunkt der IR-Untersuchungen noch nicht zur Verfügung. Anhand der gemessenen Spektren ist zu erkennen, dass die IR-Banden von Verunreinigungen (H_2O und CO_2) im Vergleich zu den Banden der zu untersuchenden Substanzen schwach ausfallen. Geringere Mengen Wassers, die z.B. durch Ausgasen der Probe bzw. der Gasleitungen in die Matrix eingebaut werden, lassen sich praktisch nur schwer vermeiden. Nach Präparation der Matrizen wurden des Weiteren erste Versuche zur FUV-Bestrahlung (H_2-Lampe; 10.2−11.8 eV; $10^{15}-10^{16}$ Photonen $m^{-2}s^{-1}$) durchgeführt. Dabei konnten jedoch keine Anzeichen einer Ionisierung nachgewiesen werden, was sich durch eine Abschwächung der CH-Streckschwingungsbanden zwischen 3.4 und 3.5 μm sowie durch Erscheinen zusätzlicher Banden bei größeren Wellenlängen bemerkbar gemacht hätte. Wie sich erst später herausstellen sollte, waren die angewandten Verdampfungstemperaturen etwas zu hoch, woraus sich ein zu geringer Molekülabstand in der Matrix ergab. Daraus resultierende hohe Rekombinationsraten mit den unter FUV-Strahlung freigesetzten Elektronen verhinderten eine messbare Ionisierung der Moleküle.

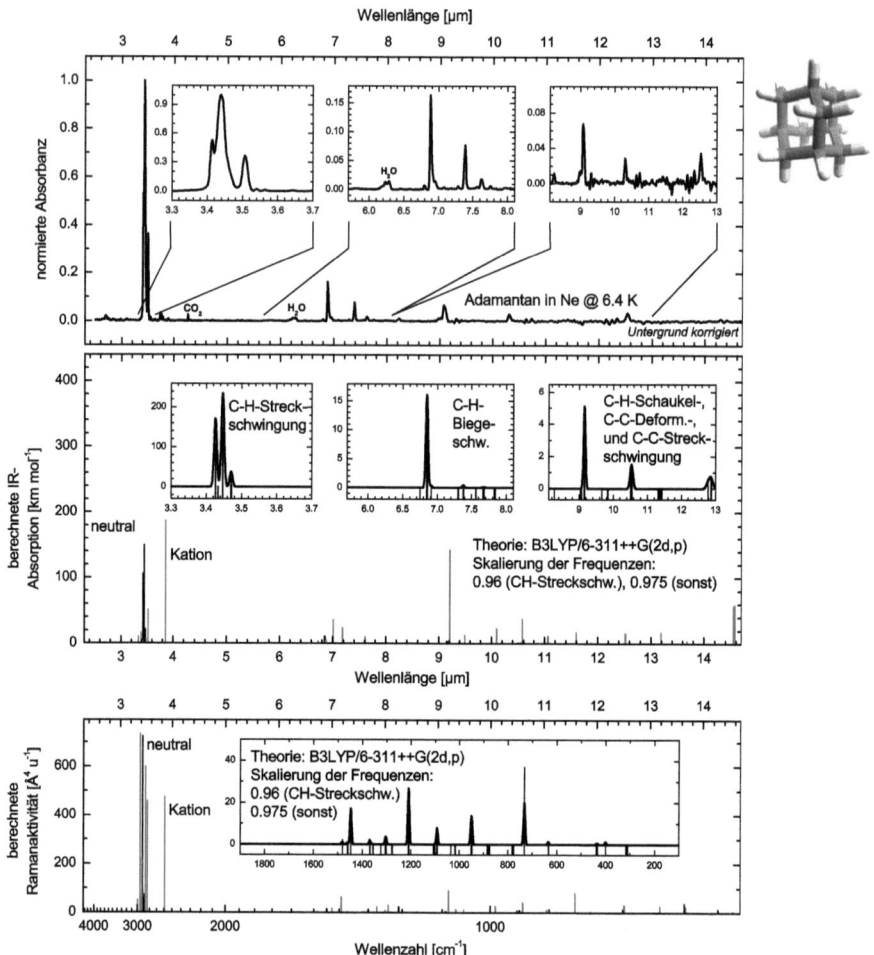

Abbildung 4.2: Experimentelles Spektrum von Adamantan in Ne @ 6.4 K (oben) im Vergleich zu den gerechneten IR- und Ramanspektren (Mitte und unten) von neutralem und einfach ionisiertem Adamantan. Zum Zwecke der Matrixpräparation wurde Adamantan bei 10°C für 20 min (10 sccm Ne) verdampft. Die y-Skalierung der theoretischen Spektren bezieht sich auf die „Strichspektren", die für eine bessere Vergleichbarkeit mit Lorentzfunktionen gefaltet wurden, um die ebenfalls dargestellten Absorptionskurven zu erhalten. Die Einheit des integrierten IR-Absorptionswirkungsquerschnittes km mol^{-1} ist äquivalent zu 10 m^2 cm^{-1} mol^{-1}.

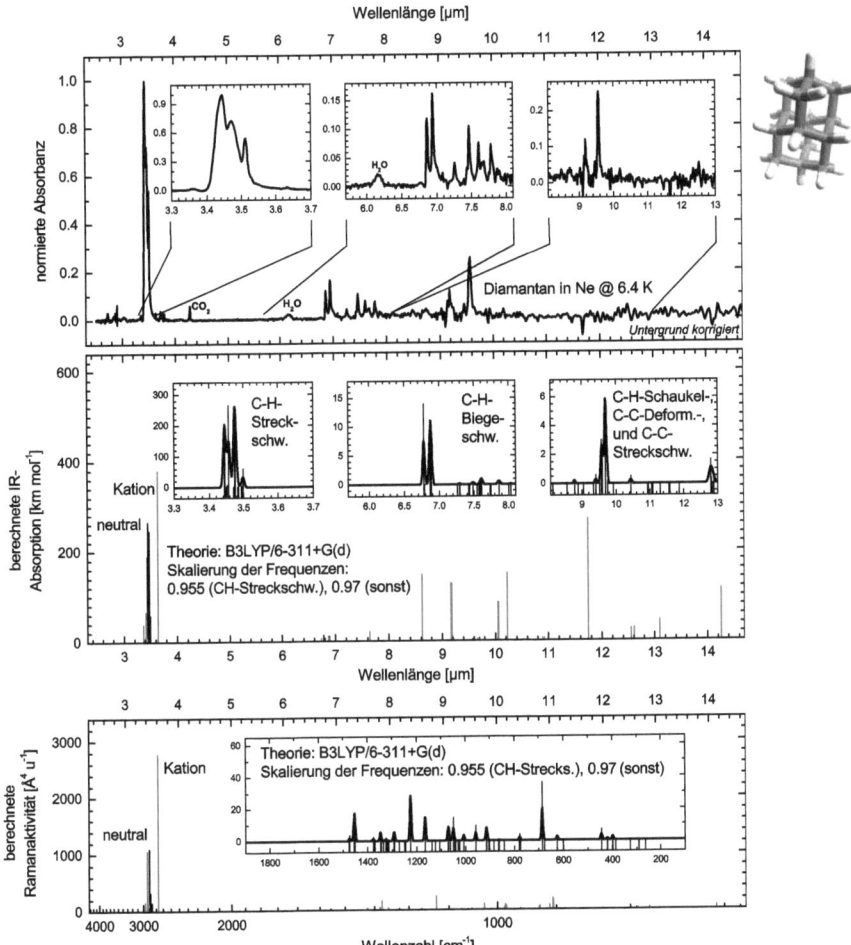

Abbildung 4.3: Experimentelles Spektrum von Diamantan in Ne @ 6.4 K (oben) im Vergleich zu den gerechneten IR- und Ramanspektren (Mitte und unten) von neutralem und einfach ionisiertem Diamantan. Zum Zwecke der Matrixpräparation wurde Diamantan bei 21°C für 70 min (5 sccm Ne) verdampft. Die y-Skalierung der theoretischen Spektren bezieht sich auf die „Strichspektren", die für eine bessere Vergleichbarkeit mit Lorentzfunktionen gefaltet wurden, um die ebenfalls dargestellten Absorptionskurven zu erhalten. Die Einheit des integrierten IR-Absorptionswirkungsquerschnittes km mol^{-1} ist äquivalent zu 10 m^2 cm^{-1} mol^{-1}.

Den IR-Banden zugehörige Molekülschwingungen können unter Zuhilfenahme quantenchemischer Berechnungen identifiziert werden. Die theoretischen IR-Spektren für neutrales und einfach ionisiertes Adamantan bzw. Diamantan sind im Vergleich zu den gemessenen Spektren ebenfalls in den Abbildungen 4.2 und 4.3 dargestellt. Die mittels DFT unter Verwendung von Hybridfunktionalen errechneten Bandenpositionen im Infraroten liegen im Vergleich zu den Messungen üblicherweise bei zu hohen Frequenzen, was gewöhnlich durch eine Skalierung der berechneten Frequenzen ausgeglichen wird. Dabei werden normalerweise zwei verschiedene Skalierungsfaktoren für die CH-Streckschwingungsbanden sowie alle anderen Moden im mittleren IR benötigt. Die in den Abbildungen 4.2 und 4.3 gezeigten theoretischen Spektren wurden bereits mit zwei verschiedenen Skalierungsfaktoren korrigiert, sodass die Positionen der stärksten Banden mit denen in den experimentellen Spektren übereinstimmen. Die Skalierungsfaktoren sind in den Abbildungen 4.2 und 4.3 entsprechend angegeben. Sie hängen von der Molekülklasse und vom verwendeten theoretischen Modell ab und liegen typischerweise zwischen 0.9 und 1. Mit Vergrößerung des Basissatzes lässt sich häufig eine verbesserte Übereinstimmung zwischen Theorie und Experiment beobachten, so dass sich der Skalierungsfaktor dem Wert 1 nähert.

Aufgrund der vergleichbaren, diamantartigen Struktur offenbaren sich diverse Ähnlichkeiten in den IR-Spektren von Adamantan und Diamantan. Die stärksten Banden werden durch die bereits angesprochenen CH-Streckschwingungsbanden um 3.4 μm verursacht. Bei beiden Molekülen ist im gemessenen Spektrum eine Bande knapp oberhalb von 3.5 μm zu sehen, die in den Rechnungen mit etwas geringerer Intensität, näher an die stärkeren CH-Streckschwingungsbanden herangerückt, unterhalb von 3.5 μm erscheint. Die Diskrepanz lässt sich wahrscheinlich auf einen anharmonischen Effekt zurückführen, der bei energetisch nahe beieinander liegenden Moden mit gleicher Symmetrie (Fermi-Resonanz) auftauchen kann und von der Rechnung nicht berücksichtigt wird. Die bei etwa 6.9 μm erkennbaren Banden (eine bei Adamantan, zwei bei Diamantan) werden durch scherenartige CH_2-Biegeschwingungen (*scissoring modes*) verursacht. Im Bereich 7.1–10 μm erscheinen im Wesentlichen Banden mit CH-Biege- (*bending*), CH_2-Schaukel- (*rocking, wagging*) und CH_2-Drehcharakter (*twisting*). Bei etwa 10 μm mischen sich zudem CC-Streckbewegungen in die Normalschwingungen. Bei noch größeren Wellenlängen tauchen schließlich Moden auf, die das zugrundeliegende C-Gerüst deformieren (*skeletal deformation modes*). Auch größere Diamantoide zeigen im Wesentlichen diese Schwingungen bei naturgemäß etwa gleichen Frequenzen (Oomens et al., 2006). Dabei sind in Abhängigkeit von der Symmetrie und Struktur des jeweiligen Moleküls eine variable Zahl dipolerlaubter Schwingungen im Spektrum zu erkennen. Beispielsweise macht sich das bei der spektralen Signatur der CH-Streckschwingungsbanden bemerkbar, die, wie im einleitenden Abschnitt 4.1.1 erläutert, mitunter unterschiedliche Formen annehmen kann, weshalb sich Diamantoide sowohl für die Erklärung der IR-Emission bei 3.43 und 3.53 μm in Elias 1 und HD 97048 als auch der interstellaren 3.47 μm Absorptionsbande in Betracht ziehen lassen (Pirali et al., 2007).

Beim Vergleich von theoretischen und experimentellen Bandenpositionen lässt sich generell eine recht gute Übereinstimmung beobachten. Dies trifft jedoch nur in begrenztem Maße auf die relativen Intensitäten zu. Insbesondere die berechneten Intensitäten der CH-Streckschwingungsbanden fallen im Vergleich zu den anderen Vibrationen etwa um den Faktor 2–3 zu hoch aus. Dieser Sachverhalt wird häufig auch bei anderen Molekülklassen (z.B. PAHs) beobachtet. Einerseits sind dafür Ungenauigkeiten im theoretischen Modell verantwortlich zu machen, andererseits wirkt sich auch die Festkörperumgebung, in der die Moleküle im Matrixexperiment eingebettet sind, speziell auf die an der Moleküloberfläche lokalisierten CH-Schwingungen aus.

Die zuvor bereits erwähnten unterschiedlichen Bandenintensitäten kationischer und neutraler Diamantoide sind anhand der theoretischen Absorptionsspektren erkennbar. Im Prinzip liegen die IR-Banden der ionisierten und neutralen Moleküle bei ähnlichen Frequenzen. Allerdings sind die Intensitäten anders verteilt. Insbesondere Vibrationen bei größeren Wellenlängen treten bei den Kationen stärker zu Tage, während die CH-Streckschwingungsbanden zwischen 3.4 und 3.5 μm an Intensität verlieren. Nicht so deutlich ist dieser Effekt bei den theoretischen Ramanspektren ausgeprägt, bei denen die CH-Streckschwingungsbanden in beiden Fällen dominieren. Jedoch taucht sowohl bei den IR- als auch den Ramanspektren der Kationen eine zusätzlich Bande bei etwa 3.86 μm (Adamantan) bzw. 3.64 μm (Diamantan) auf, die mit der (am Rand lokalisierten) positiven Ladung des C-Atoms, dessen H-Atom an eben jener Streckschwingung beteiligt ist, in Verbindung gebracht werden kann.

4.2 Elektronische Spektroskopie ionisierter Diamantoide bei tiefen Temperaturen

4.2.1 Details zu Theorie und Experiment

Der experimentelle Aufbau für die MIS mit anschließender FUV-Bestrahlung wurde bereits in Abschnitt 2.1.2 vorgestellt. Die folgenden ergänzenden Erläuterungen beziehen sich auf die UV-VIS-Spektroskopie matrixisolierter Diamantoide und deren Photoprodukte. Die Proben Adamantan und Diamantan stammen von ABCR (Reinheit je 98%), die Triamantan- sowie Tetramantanproben ($\gtrsim$ 98%) wurden durch die Geballe Labs for Advanced Materials (Stanford University) und Chevron Energy Research bereitgestellt. Die spektrale Auflösung in den UV-VIS-Messungen betrug 0.5 nm, was um einiges kleiner ist als die Breiten der gemessenen Absorptionsbanden. Zur Dotierung der Ne-Matrix mussten die zu untersuchenden Moleküle bei geeigneten Temperaturen verdampft werden. Aufgrund des hohen Dampfdruckes der kleinsten Diamantoide wurde der Ofen bei Adamantan und Diamantan auf etwa 0°C gekühlt. Zudem wurde beim Adamantan der Molekülfluss zum CaF_2-Fenster durch einen speziellen, direkt hinter der Ofenöffnung angebrachten PTFE-Filter noch weiter verringert. Triamantan wurde auf 20–30°C und die unterschiedlichen Tetramantane auf etwa 90°C geheizt. Die Abscheiderate der Ne-Matrix bzw. des jeweiligen neutralen Diamantoids wurde in separaten Experimenten bestimmt, in denen jeweils einzeln deponierte, dünne Filme (auf 6.8 K kaltem

CaF$_2$) hergestellt und anschließend deren Transmission im UV-VIS gemessen wurde (siehe Abb. 4.4(a)). Die auf diese Weise gemessenen Interferenzen entsprechen der Transmissionskurve eines Etalons (mit niedrigem Reflexionsgrad) und können dazu verwendet werden, die Schichtdicken, und damit auch die Abscheideraten, zu bestimmen.

Nach der Präparation der mit dem zu untersuchenden Molekül dotierten Ne-Matrix wurde ein Transmissionsspektrum aufgenommen. Aufgrund der Transparenz der neutralen Präkursor-Moleküle zeigte dieses, abgesehen von den Interferenzen bei sehr dünnen Matrizen, gewöhnlich keine diskreten Absorptionsbanden. Anschließend wurde für 15–30 min die Bestrahlung der Matrix mit FUV-Photonen der H$_2$-Entladungslampe (10.2–11.8 eV; 10^{15}–10^{16} Photonen m^{-2} s^{-1}) durchgeführt. In den danach aufgenommenen Absorptionsspektren[2] können die elektronischen Absorptionen der, während der Bestrahlung erzeugten, Spezies erkannt werden. Zum Vergleich wurden auch Filme der reinen Substanzen (Ne bzw. Diamantoid) auf 7 K kaltem CaF$_2$-Fenster FUV-bestrahlt. Abgesehen von geringen Mengen dissoziierten Wassers im Falle der reinen Ne-Schicht wurden keine Banden gemessen, wodurch bestätigt wird, dass die zuvor erwähnten elektronischen Absorptionen tatsächlich durch die Photoprodukte isolierter Diamantoide verursacht wurden.

Um eine Identifizierung der erzeugten Spezies zu ermöglichen, wurden des Weiteren (TD) DFT-Berechnungen unterschiedlich geladener und dehydrierter Diamantoide mit Hilfe der Gaussian09 Software (Frisch et al., 2009) durchgeführt. Die molekularen Strukturen wurden dabei zuerst anhand einer Geometrieoptimierung ermittelt. Anschließend wurden die IR-Spektren sowie die elektronischen Übergänge berechnet. Dabei wurde das B3LYP Funktional in Verbindung mit dem 6-311++G(2d,p) Basissatz für Adamantan und dessen Derivate verwendet. Da bei diesem Molekül praktisch kaum Unterschiede zwischen 6-311++G(2d,p) und 6-311+G(d) hinsichtlich der IR- und UV-VIS-Spektren festgestellt werden konnte, fand bei den größeren Diamantoiden, um Rechenzeit zu sparen, ausschließlich der kleinere Basissatz (6-311+G(d)) Verwendung. Mit den berechneten IR-Moden wurde die Nullpunktskorrektur der Grundzustandsenergien via $E_{korr} = E_0 + \frac{1}{2}\sum \hbar\omega_i$ durchgeführt, wobei die Summe über alle Vibrationsmoden läuft (entartete Moden werden entsprechend mehrfach gezählt) und E_0 die elektronische Grundzustandsenergie (alle besetzten Orbitale, ohne Schwingungsenergie) darstellt. Die TDDFT-Implementierung von Gaussian09 berechnet rein elektronische, vom Grundzustand ausgehende vertikale Übergänge. Der Rechenaufwand skaliert sehr stark mit der Größe des Moleküls und der Anzahl der zu ermittelnden elektronisch angeregten Zustände, weshalb in der Regel nur die energetisch niedrigsten Übergänge berechnet werden können. Vibrationen in elektronisch angeregten Zuständen werden nicht berücksichtigt. Gewöhnlich lassen sich Vibrationsmuster realer, voneinander isolierter Moleküle nur bei den energetisch niedrigsten elektronischen Übergängen beobachten. Dabei verteilt sich die berechnete Oszillatorstärke jedes elektronischen Überganges auf diverse Vibrationsbanden. Die relative Stärke dieser Banden wird u.a. durch die FC-Faktoren bestimmt. Höherenergetisch angeregte Zu-

---

[2]Korrigiert gegen die Spektren vor der Bestrahlung: Absorbanz = -log($T_{nach}T_{vor}^{-1}$), wobei $T_{nach,vor}$ die Transmissionskurven vor und nach Bestrahlung sind.

stände haben häufig sehr geringe Lebensdauern, was selbst für kalte und isolierte Moleküle zu einer starken Bandenverbreiterung ohne erkennbare Vibrationsstruktur führt. Die Berechnung von weit im FUV liegenden elektronischen Übergängen wurde mit einer anderen, in Abschnitt 4.3.1 näher erläuterten, Methode realisiert.

4.2.2 Adamantan

Die Transmissionskurven der Filme aus purem Ne bzw. Adamantan werden in Abb. 4.4(a) gezeigt. Der Abstand unterschiedlicher Transmissionsmaxima ist annähernd konstant. Die Dicke d des deponierten Films wurde über $\Delta k = (2nd)^{-1}$ aus dem mittleren Wellenzahlabstand zweier Maxima Δk, sowie der Brechzahl des Films n berechnet. Da die Transmission des sauberen CaF$_2$-Fensters als Referenz für die Messungen „CaF$_2$ plus Ne- bzw. Adamantanfilm" verwendet wurde, erhält man aufgrund der herabgesetzten Reflexion Kurven, die eine Transmission von über 100% aufweisen. Hin zu kürzeren Wellenlängen sinkt die Transmission infolge zunehmender Lichtstreuung. Aus der Dicke der deponierten Filme und der daraus geschlussfolgerten Abscheiderate konnte das Anzahlverhältnis von Ne-Atomen zu Adamantanmolekülen in den nachfolgend beschriebenen Matrixexperimenten zu mind. 190 $n_{\text{Ada}} n_{\text{Ne}}^{-1}$ bestimmt werden. Der Faktor $n_{\text{Ada}} n_{\text{Ne}}^{-1}$ ist dabei das Verhältnis der mittleren Brechzahlen der puren Filme im sichtbaren Spektralbereich und liegt wahrscheinlich zwischen 1 und 2. Bei der Berechnung wurden die Dichten der Ne-Matrix (45 Atome nm^{-3}; Timms et al., 1996) und des Adamantanfilms (1.2 g cm^{-3}; Yashonath & Rao, 1986) verwendet, wobei sich der Wert für Adamantan auf den kristallinen Feststoff bei Raumtemperatur bezieht. Es kann davon ausgegangen werden, dass die tatsächliche Dichte der eher amorphen Schicht bei 6.8 K niedriger ist, wodurch sich das ermittelte Isolationsverhältnis nochmals erhöhen würde. Dessen ungeachtet wurden, ohne auffällige Veränderungen der Spektren, auch Messungen bei niedrigerem Isolationsverhältnis durchgeführt. Da der Anteil der neutralen Moleküle, die unter Bestrahlung ionisiert werden, unbekannt ist, fällt es schwer, verlässliche, experimentell bestimmte Absorptionswirkungsquerschnitte anzugeben.

Abb. 4.4(b) zeigt die berechnete optimierte Struktur und Grundzustandsenergie von neutralem Adamantan, sowie die berechneten Grundzustandsenergien der kationischen und neutralen Derivate, die entstehen, wenn ein H-Atom und/oder ein Elektron entfernt werden. Adamantan besitzt zwei strukturell unterschiedliche H-Positionen, woraus die zwei möglichen Adamantylisomere resultieren. Die Zahlen auf der abgebildeten Adamantanstruktur (Abb. 4.4(b)) kennzeichnen die C-Atome, von denen die H-Atome entfernt wurden, um die entsprechenden Adamantylstrukturen zu erzeugen. Bei der Berechnung der Schwingungsmoden wurden ausschließlich positive, reale Frequenzen gefunden, so dass alle gerechneten Strukturen Minima auf der jeweiligen Potenzialfläche darstellen. Eine Umwandlung zwischen den zwei möglichen Isomeren des einfach dehydrierten Adamantans ist (bei niedrigen Temperaturen) aufgrund der hohen Potenzialbarriere nicht möglich. Gemäß den optimierten Strukturen sind nur geringe Deformationen des zugrunde liegenden C-Gerüstes bei der Abspaltung eines H-Atoms zu erwarten. Gleiches gilt für die in den folgenden Abschnitten untersuchten größeren

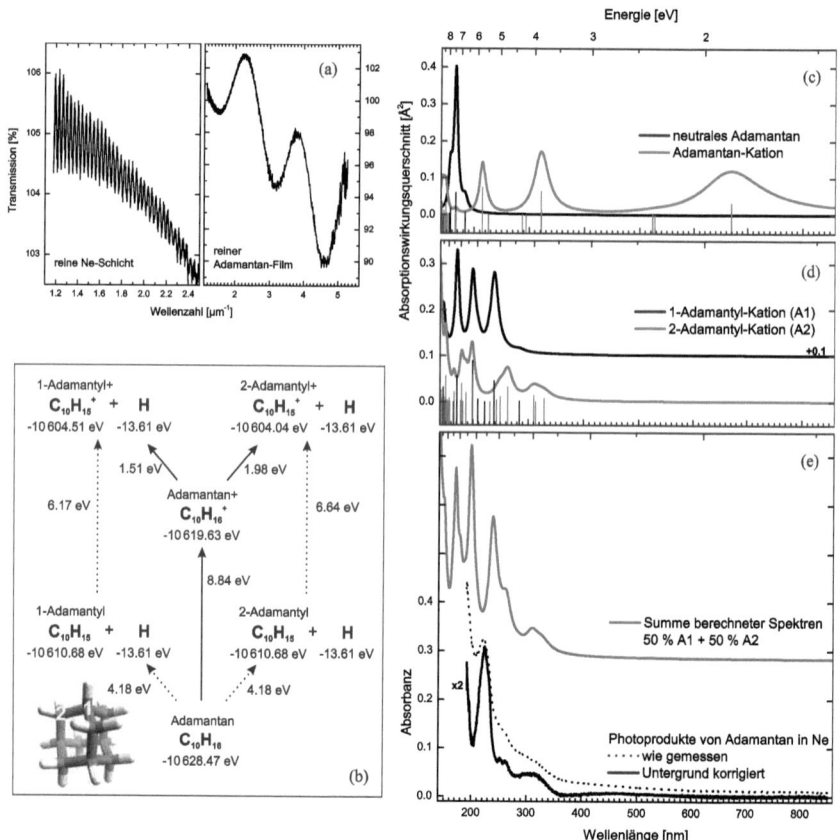

Abbildung 4.4: (a) Transmissionsspektren von reinem Ne bzw. Adamantan (auf 6.8 K CaF$_2$-Fenster) zur Bestimmung der Abscheideraten. (b) Berechnete nullpunkts-korrigierte Grundzustandsenergien von Adamantan und dessen einfach dehydrierter Derivate. (c) Berechnete Spektren von neutralem und kationischem Adamantan. (d) Berechnete Spektren der Adamantyl-Kationen. (e) Gemessenes Spektrum von FUV-bestrahltem Adamantan in Ne @ 7 K im Vergleich mit dem gemittelten theoretischen Spektrum beider Adamantyl$^+$-Isomere.

Diamantoide. Für die Adamantyl-Kationen sind des Weiteren prinzipiell verschiedene Spinzustände vorstellbar. Jedoch liegt der Triplett-Zustand des 1-Adamantylkations beispielsweise ganze 3 eV höher als der Singulett-Zustand. Aufgrund dieser recht hohen Energiedifferenz wurde bei den weiteren Rechnungen davon ausgegangen, dass auch die größeren, einfach dehydrierten Diamantoide Grundzustände mit voll besetzten Molekülorbitalen bilden. Zur Vollständigkeit wurden ebenfalls die Strukturen und Grundzustandsenergien der neutralen Adamantylmoleküle mit Dublett-Grundzustand berechnet. Bei beiden Isomeren wären etwa 4.2

eV notwendig, um ein H-Atom zu entfernen. Allerdings ist eine direkte Photodissoziation unwahrscheinlich, da die Absorptionskante des neutralen Präkursors viel weiter im UV liegt. Prinzipiell liefern die Photonen der H_2-Lampe genügend Energie, um Photoionisation sowie anschließend die Entfernung eines einzelnen H-Atoms vom ionisierten Molekül zu bewirken. Eine weitere Dissoziation bzw. Ionisation lässt sich mit einem einzelnen Photon nicht erreichen. In Anbetracht der geringen in den Experimenten angewandten FUV-Dosen nach etwa 15–30 min Bestrahlung kann eine weitere Prozessierung von bereits ionisierten Molekülen ausgeschlossen werden. Dies wurde durch Erhöhen der Bestrahlungszeit auf bis zu 2 h ohne bemerkenswerte Veränderung der Absorptionsbanden sichergestellt.

Die berechneten Spektren des neutralen und kationischen Adamantans, sowie der beiden Adamantyl-Kationen im Bereich 140–860 nm (8.9–1.4 eV) sind in den Abb. 4.4(c) und 4.4(d) dargestellt. Die gezeigten „Strichspektren", die die Oszillatorstärke jedes elektronischen Überganges bei der zugehörigen Übergangswellenlänge darstellen, wurden mit Lorentzkurven mit einer Halbwertsbreite von 3000 cm^{-1} gefaltet, um die ebenfalls abgebildeten Absorptionskurven zu erzeugen. Die Fläche der Lorentzprofile entspricht dabei der Stärke des jeweiligen Überganges.

In Abb. 4.4(e) ist schließlich das gemessene Spektrum der mit FUV-Licht prozessierten, adamantandotierten Ne-Matrix (6.8 K) wiedergegeben. Das Originalspektrum ist durch die gepunktete Linie angedeutet. Der starke Streuuntergund im UV wurde durch eine zusätzliche Basislinienkorrektur beseitigt (Spektrum mit durchgezogener Linie). Die Abhängigkeit dieses Untergrundes ist proportional zu λ^{-4}, weshalb davon ausgegangen werden kann, dass er durch eine erhöhte Rayleighstreuung der geladenen Moleküle (im Vergleich zu den neutralen Ausgangsspezies) verursacht wird. Das als Endresultat ermittelte Absorptionsspektrum besteht aus vier breiten Banden oberhalb von 200 nm. Wiederholt durchgeführte Experimente schließen aus, dass die breite Bande zwischen 280 und 350 nm, mit Maximum bei etwa 308 nm, sowie die zwei schmaleren Banden bei 252 und 261 nm eventuell Messartefakte sein könnten. Die stärkste Bande im für die Messung zugänglichen Wellenlängenbereich erstreckt sich von 200 bis 240 nm und hat ihr Maximum bei 223.5 nm. Unter Berücksichtigung der theoretischen Spektren kann das einfach positiv geladene Radikal des Adamantans (mit offener Molekülschale) als eventuell vorhandener Bandenträger ausgeschlossen werden. Stattdessen deutet das gemessene Spektrum eher auf die Erzeugung der stabileren, einfach dehydrierten Kationen mit abgeschlossenen Schalen. Die stärkste Bande bei 223.5 nm wird dementsprechend durch den $S_0 \rightarrow S_2$ Übergang des 1-Adamantyl-Kations (Punktgruppe C_{3v}), welches das Isomer mit der niedrigsten Grundzustandsenergie ist, verursacht. Die berechnete Oszillatorstärke dieses Übergangs beträgt $f = 0.091$. Gegenüber der Messung in Ne-Matrix ist die berechnete energetische Position des Übergangs um etwa 0.3 eV ins Rote verschoben, was im Rahmen des verwendeten theoretischen Modells eine nicht ungewöhnliche Abweichung darstellt. Die anderen, schwächeren Banden könnten mit dem $S_0 \rightarrow S_1$ Übergang des 1-Adamantyl-Kations ($f = 0.0028$) oder, was wahrscheinlicher ist, mit den ersten vier elektronisch angeregten Zuständen des 2-Adamantyl-Kations (Punktgruppe C_s) zusammenhängen. Die Übergangsstärken zu den Zuständen des 2-Adamantyl-Kations liegen bei unter $f = 0.033$. In Anbetracht der schwächeren Übergänge des 2-Adamantyl-Kations sowie des gemessenen Spektrums wurden durch die Bestrahlung beide Isomere (1- und 2-) scheinbar in etwa gleicher Menge produziert. Abgesehen von einer 0.3 eV Verschiebung der 1-Adamantylbande ähnelt das in Abb. 4.4(e) gezeigte theoretische Summenspektrum deutlich dem gemessenen Spektrum. In gewissem Maße widerspricht die Beobachtung des 2-Adamantyl-Kations den Ergebnissen von Polfer et al. (2004), die lediglich das Isomer mit der niedrigsten Energie im infraroten Spektralbereich beobachten konnten. Wahrscheinlich kann das auf die unterschiedlichen experimentellen Techniken (Ladungstransfermethode ↔ Photoionisation) und Bedingungen (verdampfte Moleküle in der Gasphase ↔ Moleküle in kryogener Matrix) zurückgeführt werden.

Unter Berücksichtigung der zuvor diskutierten Resultate wurden, ausgelöst durch Photonen der Energie 10.2–11.8 eV, die neutralen Adamantanmoleküle durch die photoinduzierte chemische Reaktion

$$C_{10}H_{16} + h\nu \rightarrow C_{10}H_{15}^{+} + e^{-} + H \qquad (4.1)$$

in die einfach dehydrierten Adamantyl-Kationen umgewandelt. Der Prozess der dissoziativen Photoionisation wurde bereits bei kleineren Molekülen, wie H_2O (Cairns et al., 1971) oder CH_4 (Samson et al., 1989), beobachtet. Dabei verbleibt unmittelbar nach der Ionisation ein Teil der überschüssigen Energie im Molekül und verteilt sich auf hochangeregte vibronische Freiheitsgrade. Letztendlich führt dies zur Zerstörung einer C-H-Bindung. Dieser Prozess setzt Elektronen und neutrale H-Atome frei, die gewöhnlich von Defekten oder Verunreinigungen in der Matrix eingefangen werden. Aufgrund der relativen Nähe der Adamantanmoleküle im Matrixexperiment und den damit verbundenen Rekombinationsreaktionen zwischen positiv geladenenen Molekülen und freien Elektronen (und H-Atomen) ist die Ionenausbeute auf gewöhnlich unter 10% begrenzt. Der Sättigungswert wird bei Überschreiten einer gewissen FUV-Dosis (hier etwa $2 \times 10^{18} - 2 \times 10^{19}$ Photonen m^{-2}) erreicht.

Die Bildung von negativ geladenem Adamantan oder neutralem Adamantyl durch Elektroneneinfang kann aus zwei Gründen ausgeschlossen werden. Zum einen besitzen diese Spezies eine offene Schalenstruktur und würden, ähnlich wie die Adamantan-Kationen, Absorptionsbanden im Sichtbaren aufweisen. Und zum anderen ist die Elektronenaffinität des neutralen Adamantans negativ (Drummond, 2007), was aufgrund des damit verbundenen Energieverlustes die Möglichkeit eines Anhängens zusätzlicher Elektronen ausschließt.

Auffällig ist, dass das gemessene Spektrum weder scharfe Absorptionsbanden noch deutliche Vibrationsmuster aufweist. Die Banden sind um einiges breiter als man ausgehend von typischen matrixinduzierten Verbreiterungsmechanismen (*site effects*) für Ne bei 7 K erwarten würde. Erklären lässt sich die Bandenbreite deshalb wahrscheinlich mit intrinsischen molekularen Eigenschaften, d.h. einer sehr geringen Lebensdauer im elektronisch angeregten Zustand, die nicht ausschließlich von der Matrixwechselwirkung verursacht wird. Das wiederum würde die Schlussfolgerung erlauben, dass der wesentliche Unterschied zu den Spektren astrophysikalisch eher relevanter Gasphasenmoleküle bei niedrigen Temperaturen in einer kleinen matrixinduzierten Rotverschiebung bestünde, während die Form und Breite der Banden vergleichbar wären. Zufällig stimmen die spektralen Formen der gemessenen Banden recht gut mit den berechneten Spektren der rein elektronischen, vertikalen Übergänge überein, weshalb die berechneten absoluten Absorptionsquerschnitte u.U. als repräsentativ für reale Gasphasenmoleküle angesehen werden können. (Andernfalls ließen sich nur die integrierten Querschnitte bzw. die Oszillatorstärken verwenden.)

Abschließend soll noch eine wichtige Eigenschaft der Adamantyl-Kationen erwähnt werden. Diese besitzen, im Gegensatz zum neutralen Ausgangsmolekül, recht starke permanente Dipolmomente, die vom molekularen Schwerpunkt zu dem C-Atom gerichtet sind, dessen H-Atom entfernt wurde. Infolgedessen könnten diamantartige ionisierte Moleküle im All anhand ihrer Rotationsspektren im Radiobereich aufgespürt werden (weiteres dazu siehe Abschnitt 4.3.2).

4.2.3 Diamantan

Die berechneten Grundzustandsenergien von Diamantan und dessen einfach dehydrierter Kationen sind in Abb. 4.5(d) dargestellt. Wie zuvor kennzeichnen die Zahlen auf der gezeigten Diamantanstruktur die Positionen, von denen die H-Atome entfernt wurden, um das entsprechende Diamantyl-Kation zu erzeugen. Die Nummerierung folgt dabei der Empfehlung der IUPAC. Es existieren drei verschiedene Isomere des Diamantyl-Kations mit jeweils recht starken permanenten Dipolmomenten infolge der lokalisierten Ladung am Molekülrand.

Die elektronischen Spektren des Diamantans und dessen verwandter Derivate werden in den Abbildungen 4.5(a) bis 4.5(c) gezeigt. Eine zusätzliche Untergrundkorrektur wurde auf der roten Seite des gemessenen Spektrums durchgeführt, um nicht reproduzierbare Unebenheiten und Interferenzen durch Variationen der Basislinie zu entfernen. Unter Verwendung von $\rho = 1.2$ g cm^{-3} (Karle & Karle, 1965) als Massendichte für den festen Diamantanfilm ergeben sich für die in verschiedenen Experimenten erreichten Isolationsverhältnisse (Ne zu Diamantan) Werte zwischen 450 und 750 $n_{\text{Dia}} n_{\text{Ne}}^{-1}$, wobei n_{Dia} jetzt der Brechungsindex der festen Diamantanschicht ist. Verglichen mit dem photoprozessierten Adamantan offenbart das Spektrum des bestrahlten Diamantans einen etwas breiteren Peak (7800 cm^{-1} ↔ 5900 cm^{-1}), der hin zu größeren Wellenlängen bei 255 nm positioniert ist. Beim Vergleich mit den berechneten Absorptionskurven wird offensichtlich, dass diese Bande nicht durch das Vorhandensein des kationischen Diamantan-Radikals erklärt werden kann. Bezüglich der Bildung von negativ geladenem Diamantan oder neutralem Diamantyl gilt die gleiche Argumentation wie im vorherigen Abschnitt. Prinzipiell übertragen die Photonen der H$_2$-Lampe genügend Energie, um dissoziative Photoionisation auszulösen und alle drei positiv geladenen Diamantylisomere zu erzeugen. Jedoch könnte man beim Vergleich von Theorie und Experiment die Schlussfolgerung ziehen, dass hauptsächlich das 4-Diamantyl-Kation (Punktgruppe C$_{3v}$) gebildet wurde. Dessen erste stärkere Übergänge S$_0$ → S$_{2,3}$ werden 0.5 und 0.26 eV vom Peakmaximum der gemessenen Bande entfernt bei 284 nm ($f = 0.084$) und 269 nm ($f = 0.033$) vorhergesagt. Alternativ könnte die 255 nm Bande entweder teilweise oder komplett durch Übergänge des 1-Diamantyl-Kations (C$_s$) hervorgerufen werden, für das mehrere energetisch naheliegende Übergänge bei 289 nm (S$_0$ → S$_3$, $f = 0.022$), 271 nm (S$_0$ → S$_4$, $f = 0.027$) und 266 nm (S$_0$ →

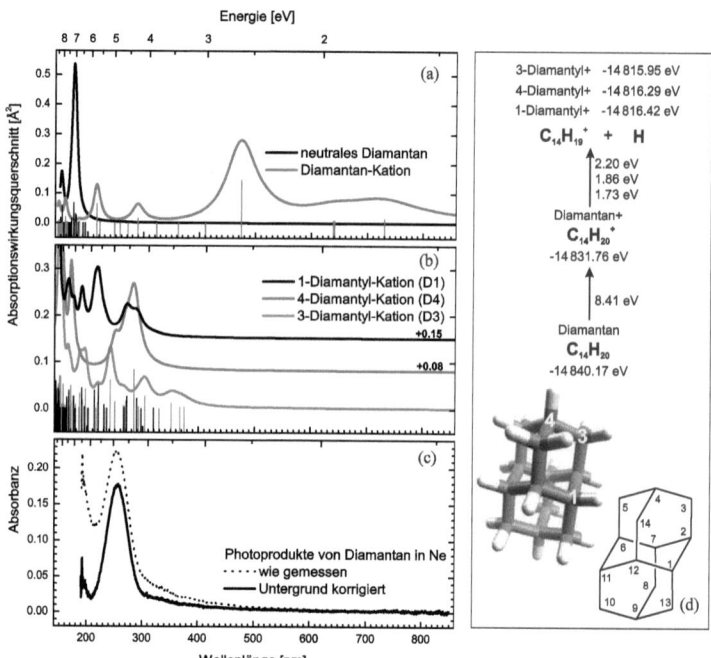

Abbildung 4.5: (a) Berechnete Spektren von neutralem und kationischem Diamantan. (b) Berechnete Spektren der Diamantyl-Kationen. (c) Gemessenes Spektrum von FUV-bestrahltem Diamantan in Ne @ 7 K. (d) Berechnete Nullpunkts-korrigierte Grundzustandsenergien von Diamantan und dessen Kationenderivate. Die C-Atome wurden entsprechend der IUPAC-Empfehlung nummeriert.

S_5, $f = 0.003$) berechnet wurden. Da gewisse Absorptionen auf beiden Seiten der gemessenen Bande nicht auftauchen, kann das eventuelle Vorhandensein des 3-Diamantylisomers (C_1) in der Matrix, was dem Entfernen eines H-Atoms von einer CH_2-Gruppe entspräche, eher ausgeschlossen werden. Aufgrund des offensichtlichen Fehlens von Feinstruktur fällt es schwer, detailliertere spektroskopische Analysen durchzuführen. Unter Umständen könnten genauere Erkenntnisse durch weiterführende Experimente im infraroten Spektralbereich gewonnen werden. Berechnete IR-Spektren neutraler, ionisierter sowie einfach dehydrierter Diamantoide sind im Anhang in den Abbildungen A.13 bis A.16 zu finden (siehe auch die Veröffentlichungen von Polfer et al. (2004) und Pirali et al. (2010).

4.2.4 Triamantan

Abb. 4.6(d) zeigt die berechneten Grundzustandsenergien des Triamantans sowie der sieben verschiedenen Isomere des Triamantyl-Kations. Die Dipolmomente und deren Orientierung werden später in Abschnitt 4.3.2 aufgelistet. Das kationische Triamantan-Radikal wies bei der Berechnung der IR-Moden eine negative Frequenz (Schwingung des gesamten C-Kerngerüstes) auf, was darauf hinweist, dass die Struktur nicht vollständig optimiert war bzw. dieses Molekül kein Minimum auf der Potenzialhyperfläche einnimmt. Dies ließe sich vermutlich unter Verwendung eines größeren Basissatzes vermeiden. Der dadurch entstandene Fehler für die nullpunktskorrigierte Grundzustandsenergie ist geringer als 0.05 eV. Auf die Gesamtenergie, die benötigt wird, um ein Elektron sowie ein H-Atom zu entfernen, hat dies ohnehin keinen Einfluss. Vergleichbar mit den zuvor diskutierten Diamantoiden können mit den Photonenenergien der verwendeten FUV-Lampe prinzipiell alle sieben Isomere erzeugt werden.

Die berechneten elektronischen Spektren sind in den Abbildungen 4.6(a) und 4.6(b) dargestellt, das gemessene Spektrum des FUV-bestrahlten, matrixisolierten Triamantans wird in Abb. 4.6(c) gezeigt. Das Isolationsverhältnis in den Matrixexperimenten lag im Bereich 500 – 1000 $n_{Tria}n_{Ne}^{-1}$, mit unbekanntem Brechungsindex des puren Triamantanfilms (n_{Tria}). Die Photodissoziation von geringen Mengen matrixisolierten Wassers ist verantwortlich für die scharfen Banden des OH-Radikals bei 308 und 283 nm (Tinti, 1968). Verglichen mit den vorherigen Messungen von bestrahlten Adamantan- und Diamantanmolekülen schiebt sich die energetisch niedrigste Bande weiter ins Rote. Sie erstreckt sich etwa von 300–500 nm und hat ihr Maximum bei 368 nm. Eine Schulter ist bei ca. 450 nm zu sehen. Ein starker FUV-Anstieg rutscht ebenso in den messbaren Bereich. Eine Zuordnung zu einem spezifischen Triamantyl-Kation ist, allein aufgrund der großen Anzahl möglicher Isomere, nicht ohne Weiteres möglich. Die beste Übereinstimmung scheint das gemessene Spektrum noch mit der theoretischen Kurve des 5-Triamantyl-Kations zu haben, welches einen energetischen Abstand zum neutralen Präkursor von 10.56 eV hat. (In den zuvor diskutierten Messungen schien die stärkste Bande durch Spezies erzeugt worden zu sein, die 10.35 eV (Adamantan) bzw. 10.27 eV (Diamantan) vom Ausgangsmolekül entfernt waren.) Abgesehen von der Erzeugung dehydrierter Triamantyl-Kationen bietet sich als alternative Erklärung die Bildung des Triamantan-Kations an, wie der Vergleich mit dem gerechneten Spektrum offenbart. Möglicherweise ist Triamantan bereits groß genug, dass sich die im Molekül nach der Ionisation deponierte Energie auf genügend viele Vibrationsmoden verteilen kann, um die Zerstörung einer C-H-Bindung zu vermeiden. Dessen ungeachtet ist eine weiterführende, eindeutige Identifikation auf Basis elektronischer Absorptionsspektroskopie nicht machbar. Die Möglichkeit einer unerwartet größeren Abweichung zwischen Theorie und Realität sollte ebenso in Betracht gezogen werden.

4.2.5 Tetramantan

Wie bereits erwähnt existieren für Tetramantan ($C_{22}H_{28}$), im Gegensatz zu den kleineren Diamantoiden, bereits vier verschiedene Isomere mit den Bezeichnungen [121], P[123], M[123] und [1(2)3]. Die Nomenklatur wurde von Balaban & Schleyer (1978) eingeführt. P und M[123] Tetramantan sind Spiegelbildisomere (Enantiomere), die, mit Ausnahme der optischen Aktivität, gleiche spektroskopische Eigenschaften aufweisen. Die berechneten Strukturen der neutralen Moleküle werden ebenso wie die berechneten Spektren der Kationen sowie die ex-

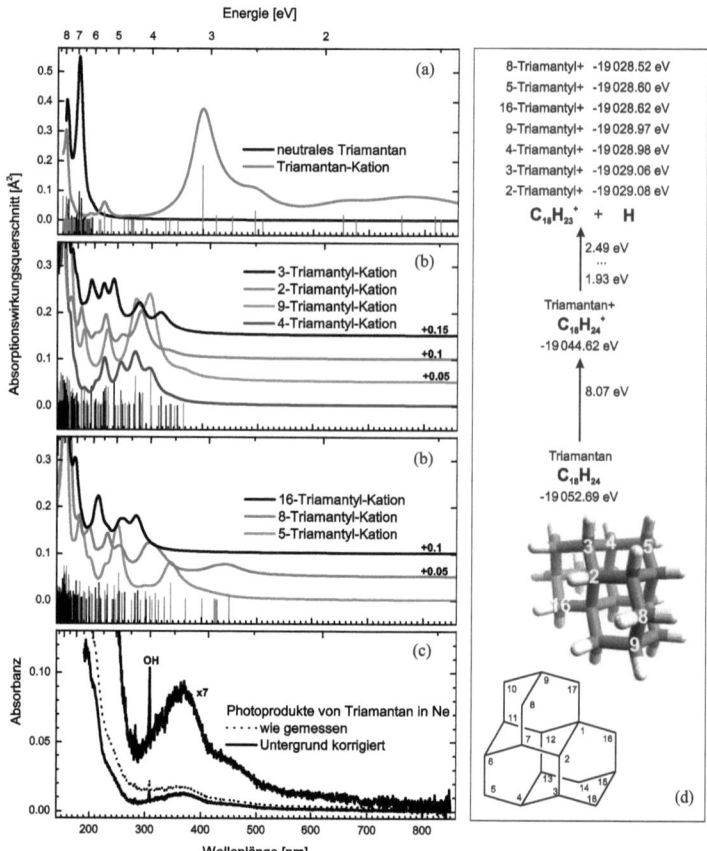

Abbildung 4.6: (a) Berechnete Spektren von neutralem und kationischem Triamantan. (b) Berechnete Spektren der Triamantyl-Kationen. (c) Gemessenes Spektrum von FUV-bestrahltem Triamantan in Ne @ 7 K. (d) Berechnete nullpunkts-korrigierte Grundzustandsenergien von Triamantan und dessen Kationenderivate. Die C-Atome wurden entsprechend der IUPAC-Empfehlung nummeriert.

perimentellen Spektren der FUV-bestrahlten Matrizen in Abb. 4.7 gezeigt. Aufgrund der steigenden Anzahl verschiedener einfach dehydrierter Isomere und - damit verbunden - des ausufernden rechentechnischen Aufwands wurden die Strukturen und Spektren der Tetramantyl-Kationen nicht mehr simuliert. Bezüglich der notwendigen Energie zur Entfernung eines H-Atoms vom einfach positiv geladenen Molekül sind keine größeren Abweichungen im Vergleich zu den kleineren Diamantoiden zu erwarten. Mit nur geringen Unterschieden untereinander ähneln die gemessenen Spektren der drei Spezies sehr stark dem für Triamantan gemessenen Spektrum. Abgesehen vom [121] Tetramantan lässt sich die breite Bande, die sich in

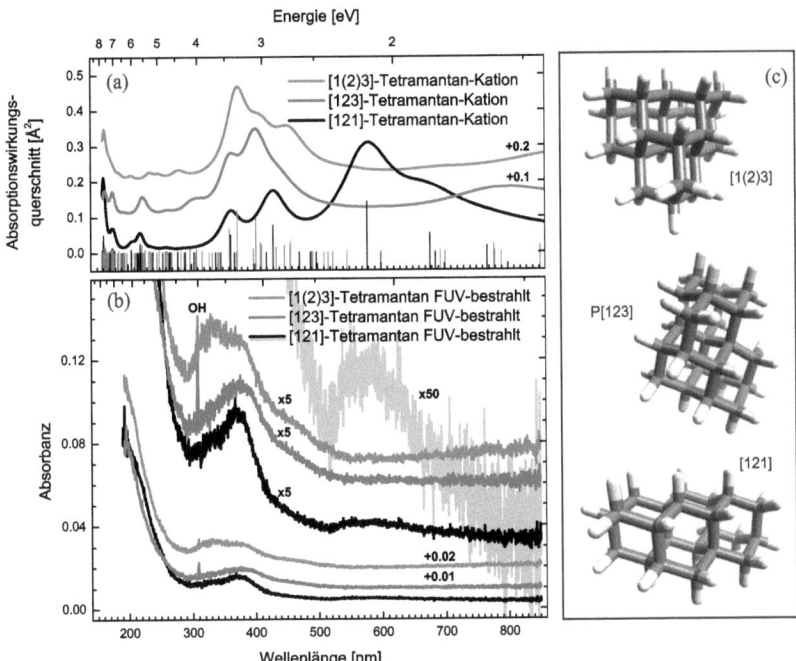

Abbildung 4.7: (a) Berechnete Spektren der kationischen Tetramantan-Isomere. (b) Gemessene Spektren von FUV-bestrahltem Tetramantan in Ne @ 7 K. (c) Berechnete Strukturen der drei (neutralen) Tetramantan-Isomere.

etwa zwischen 300 und 500 nm erstreckt, u.U. den Radikalkationen zuweisen, wie aus dem Vergleich mit den theoretischen Spektren ersichtlich wird. Beim [121] Tetramantan wäre aufgrund der TDDFT-Rechnung eine stärkere elektronische Resonanz um 580 nm zu erwarten. Eine sehr schwache und breite Bande, deren Maximum bei 575 nm liegt, konnte in der Messung nachgewiesen werden. Die stärkere Bande im gemessenen Spektrum bei etwa 373 nm wird wahrscheinlich zu größeren Anteilen von den [121] Tetramantyl-Kationen erzeugt. Das genaue Verhältnis zwischen den Häufigkeiten der Tetramantan- und Tetramantyl-Kationen kann hier nicht ohne Weiteres ermittelt werden. Allerdings zeigen die experimentellen Ergebnisse, dass bei größeren Diamantoiden die Erzeugung der Radikalkationen mit offener Schale prinzipiell möglich ist.

4.3 Weitere spektroskopische Eigenschaften

4.3.1 Komplettes $\sigma - \sigma^*$ Absorptionsspektrum

Die stärksten Absorptionsbanden der Diamantoide (hervorgerufen durch $\sigma - \sigma^*$ Übergänge) sind bei Wellenlängen kürzer als 200 nm zu finden. Da dies außerhalb des für die Matrixspektroskopie zugänglichen Energiebereiches liegt, müssen andere Analysemethoden Anwendung finden. Beispielsweise wären auf transparenten Fenstern abgeschiedene Diamantoidfilme mit Hilfe von VUV-Spektrometern bis etwa 125 nm oder gasförmige neutrale Diamantoide mittels hochenergetischer Synchrotronstrahlung bis etwa 145 nm (siehe Landt et al., 2009b) spektroskopisch untersuchbar. Des Weiteren bieten sich quantenchemische Berechnungsmethoden an, um in noch höhere Energiebereiche vorzustoßen. Dem zuletzt genannten Ansatz wird im Folgenden nachgegangen.

Wie bereits erwähnt, skaliert der Rechenaufwand der zuvor verwendeten TDDFT-Methode sehr stark mit der Anzahl der zu ermittelnden Übergänge, was eine Berechnung von weit im UV liegenden Übergängen infolge der hohen energetischen Dichte der elektronischen Übergänge praktisch unmöglich macht. Stattdessen kann der, im einleitenden Kapitel 2.2.3 beschriebene Octopus-Code Verwendung finden, der die Kohn-Sham-Orbitale in Echtzeit auf einem numerischen Gitter propagiert. Gefolgt von einem initialen deltaförmigen elektrischen Impuls, der alle Eigenfrequenzen des Systems anregt, wird das zeitabhängige Dipolmoment und, davon ausgehend, das lineare optische Absorptionsspektrum berechnet. Aufgrund der Diskretisierung der Wellenfunktionen auf einem numerischen Gitter entfällt die übliche Verwendung von Basissätzen. Als Funktional kam nachfolgend, wie gehabt, das B3LYP-Funktional zum Einsatz. Das Volumen der numerischen Box, in dem das gewünschte Molekül platziert ist, wurde so gewählt, dass sich jedes Atom mindestens 4 Å von den Grenzen entfernt befindet. Eine Verkleinerung der Box hätte ungewünschte Quanteneffekte (*Particle-in-a-box*-Zustände) zur Folge, da die Wellenfunktionen am Rand nicht auf genügend niedrige Werte (nahe Null) auslaufen könnten. Der Punktabstand des verwendeten Gitters wurde zu 0.2 Å und die Integrationslänge zu 10 $\hbar$/eV in 0.002 $\hbar$/eV Schritten gewählt. Informationen über die Symmetrie angeregter Zustände können mit dieser Methode nicht gewonnen werden. Die Breiten der Absorptionsbanden sind rein künstlich und werden einzig durch die verwendete Integrationslänge bestimmt. Allerdings entspricht die integrierte Fläche unter jeder Bande der Oszillatorstärke des entsprechenden Übergangs und kann auf einfache Weise in absolute Wirkungsquerschnitte umgewandelt werden. Für den Energiebereich oberhalb der Ionisationsgrenze (10–30 eV), in dem die Übergänge von σ-Elektronen dominieren, wurden recht gute Übereinstimmungen zwischen den elektronischen Spektren und Wirkungsquerschnitten, die mit dem Octopus-Code berechnet wurden, und den gemessenen Absorptionsspektren kleiner PAHs gefunden (Malloci et al., 2004). Hier soll nochmal erwähnt werden, dass mittels TDDFT nur Übergänge zwischen gebundenen Zuständen vorhergesagt werden können, während Übergänge, die zu direkter Ionisation führen, nicht berücksichtigt werden. In Anbetracht der guten Übereinstimmung zwischen Theorie und Experiment bei kleinen PAHs wird angenommen, dass hochangeregte Zustände (*superexcited states*) im Wesentlichen für die Absorption im VUV sorgen und dass diese an das Ionisationskontinuum gekoppelt sind (Mallocci et al., 2004). Ob die gleiche Situation auch auf die $\sigma-\sigma^*$ Übergänge der Diamantoide und deren ionische Derivate zutrifft, ließe sich nur experimentell endgültig klären.

Die berechneten elektronischen Spektren neutraler und kationischer Diamantoide, die aus der Gesamtheit aller möglichen Übergänge zwischen gebundenen Zuständen $(\sigma-\sigma^*)$ resultieren, sind in Abb. 4.8 dargestellt. Prinzipiell ließen sich diese Spektren dazu verwenden, photophysikalische Wechselwirkungen im inter- und zirkumstellaren Medium zu modellieren. Bezüglich des Energiebereiches unterhalb von 8.5 eV sind detaillierte, gemessene Gasphasenspektren neutraler Diamantoide (ohne Angabe der Absorptionsquerschnitte) in der Veröffentlichung von Landt et al. (2009b) zu finden. Die Vibrationsstruktur, die in diesen Spektren erkennbar ist, kann praktisch nicht mit aktuellen ab-initio Methoden vorhergesagt werden. Die hier presentierten Spektren weisen Absorptionsbanden mit durch die Rechnung bestimmten künstlichen Breiten ohne Vibrationsmuster auf. Zusätzlich wurde eine energieabhängige Verbreiterung durch Falten der Spektren mit Lorentzprofilen variabler Halbwertsbreite durchgeführt, um der zunehmenden Lebensdauerverbreiterung Rechnung zu tragen, die bei höheren Energien zu erwarten ist. Aufgrund der hohen Zustandsdichte oberhalb von etwa 10 eV hat ein Verändern der Bandenbreiten nur unwesentlichen Einfluss auf die absoluten Werte des Absorptionswirkungsquerschnittes. Während die Positionen und Formen der in den Spektren auftauchenden elektronischen Resonanzen von Ungenauigkeiten der Berechnungsmethode betroffen sein können, sind im Rahmen der zuvor diskutierten Einschränkungen der generelle Trend der Absorptionskurve sowie die Wirkungsquerschnitte als realistisch anzusehen. Beim Vergleich der neutralen mit den ionisierten Molekülen sind, insbesondere für die höherenergetischen Übergänge, nur geringfügige Unterschiede zu erkennen, was in der ähnlichen elektronischen Struktur infolge äquivalenter C-Gerüste begründet liegt. Für alle gezeigten Spezies wird die VUV-Absorption durch eine breite Struktur mit Maximum zwischen 15 und 20 eV dominiert. Schmalere Banden auf dem roten und blauen Flügel dieser $\sigma-\sigma^*$ Struktur mit Peaks bei 11, 14 und 28.5 eV bei den Kationen bzw. 9, 12.5 und 27.5 eV bei den neutralen Molekülen sind ebenfalls durchgängig erkennbar. Wie bereits aus den vorherigen Abschnitten ersichtlich wurde, ist der Absorptionsbeginn der Kationen, verglichen mit den neutralen Diamantoiden, weiter im Roten zu finden. Dies ist auch in Abb. 4.8 erkennbar. Mit zunehmender Molekülgröße machen sich im Wesentlichen ansteigende Absorptionsquerschnitte sowie weniger strukturierte Absorptionskurven aufgrund höherer Zustandsdichten bemerkbar.

Die gezeigten Resultate enthalten einen interessanten Aspekt. Auch wenn Laborexperimente im diskutierten Energiebereich für diese molekularen Spezies fehlen, zeigen experimentelle Daten von Nanodiamanten, die aus dem Allende-Meteoriten extrahiert wurden (Mutschke et al., 2004), erstaunliche Ähnlichkeiten (siehe Abb. 4.8(d)). Diese Daten überspannen den IR- bis VUV-Bereich und wurden mit Hilfe kombinierter Absorptions- und EELS-Messungen (*electron energy loss spectroscopy*) gewonnen. Die IR-Banden sind zu schwach im Vergleich zu den elektronischen Absorptionen und können deshalb in der gegebenen Skalierung nicht erkannt

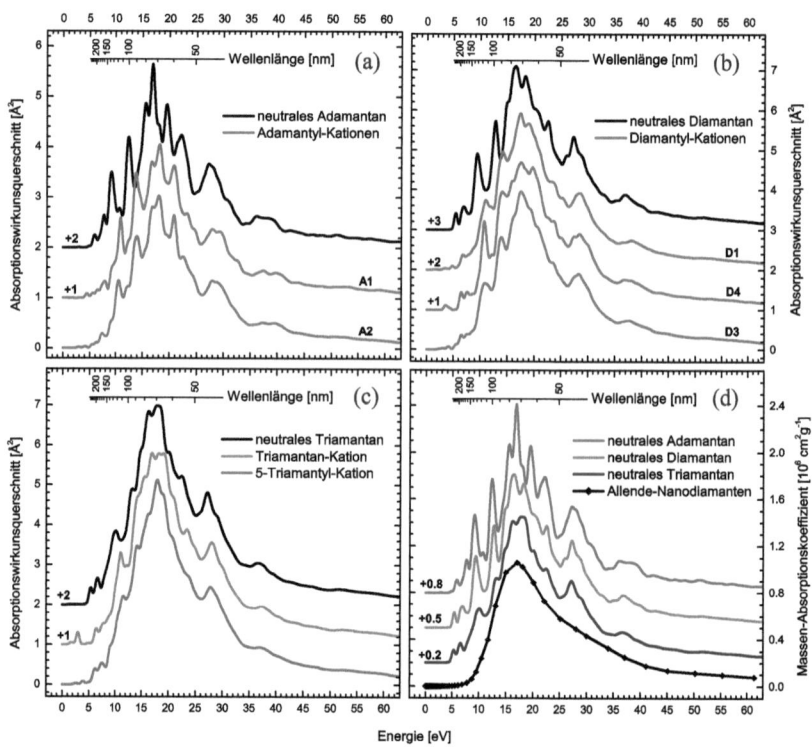

Abbildung 4.8: Gerechnete $\sigma - \sigma^*$ Absorptionsspektren der Diamantoide und deren Derivate (a-c). Ebenfalls wiedergegeben ist ein Vergleich mit meteoritischen Nanodiamanten (d).

werden. Die Durchschnittsgröße der Nanodiamanten ist kleiner als 2 nm, was ungefähr 500 C-Atomen entspricht, wohingegen die hier untersuchten molekularen Spezies maximal nur 22 C-Atome enthalten. Das elektronische Absorptionsspektrum der Nanodiamanten besteht im Prinzip einzig aus der breiten $\sigma - \sigma^*$ Bande mit Maximum bei 17.1 eV. Des Weiteren ist eine Schulter bei etwa 30 eV erkennbar, die eventuell ihr Äquivalent in einer Bande bei 28.5 eV in den Diamantoidspektren hat. Der Massenabsorptionskoeffizient κ im Maximum wurde für die meteoritischen Diamanten zu etwa 1.1×10^6 cm^2 g^{-1} bestimmt, erstaunlich nah am berechneten Wert der Diamantoide von $\kappa = 1.2 - 1.3 \times 10^6$ cm^2 g^{-1}. Die Hauptunterschiede zwischen den molekularen und nanoskopischen Diamanten liegen in einer Rotverschiebung des Absorptionsbeginns für die Diamantoide sowie einer strukturierteren Absorptionskurve, insbesondere auf dem roten Flügel der kollektiven $\sigma - \sigma^*$ Bande.

4.3.2 Rotationsspektren

Wie bereits angedeutet, besitzen die ionisierten Diamantoide mitunter recht starke permanente Dipolmomente. Die daraus resultierenden (reinen) Rotationsspektren könnten verwendet werden, um mit Hilfe radioastronomischer Beobachtungen im All nach diesen Spezies zu suchen. Die berechneten Dipolmomente und Rotationskonstanten der Diamantoide sowie deren Derivate sind geordnet nach aufsteigender Grundzustandsenergie in Tabelle 4.1 aufgelistet. Dabei ist zu beachten, dass die mittels Gaussian09 (Frisch et al., 2009) erhaltenen Werte sich standardmäßig auf ein Koordinatensystem beziehen, in dem der Schwerpunkt der nuklearen Ladungen im Zentrum liegt. Bei der Rotation von Molekülen ist jedoch das Dipolmoment bezüglich des Massenschwerpunktes von Interesse. Beide Werte unterscheiden sich für die hier untersuchten ionisierten Moleküle um bis zu 5 %. Die in Tabelle 4.1 präsentierten Dipolmomente wurden dementsprechend korrigiert. Anhand der Rotationskonstanten kann zwischen symmetrischen (zwei identische Konstanten) und asymmetrischen Kreiselmolekülen unterschieden werden. Das neutrale Adamantan kann aufgrund der T_d Symmetrie im Grundzustand prinzipiell kein permanentes Dipolmoment aufweisen, im Gegensatz zu dessen Kation, das infolge der Entfernung eines Elektrons aus einer σ-Bindung eine leicht gestörte Symmetrie zeigt.

Die ungefähren Richtungen der Dipolmomente sind ebenfalls in Tabelle 4.1 aufgelistet. Dabei zeigt der Vektor vom Molekülschwerpunkt auf das jeweils angedeutete C-Atom bzw., bei zwei angegebenen C-Atomen, auf einen imaginären Punkt auf deren Verbindungsachse. Die Notation der C-Atome hält sich wie zuvor an die IUPAC-Empfehlungen (siehe Abbildungen 4.4, 4.5 und 4.6). Infolge der dort lokalisierten Ladung zeigt bei den dehydrierten Kationen das Dipolmoment in den meisten Fällen auf das C-Atom, von dem das H-Atom entfernt wurde, was im Falle der symmetrischen Kreiselmoleküle naturgemäß auch der Richtung der Symmetrieachse entspricht. Das neutrale Triamantan hat im Gegensatz zu Adamantan und Diamantan bereits ein, wenn auch äußerst schwaches, Dipolmoment, dessen Richtung sich nach Ionisation umkehrt[3].

Die zu erwartenden Rotationsspektren der Diamantoid-Kationen werden nachfolgend am Beispiel der (in Tabelle 4.1 einzigen beiden) symmetrischen Kreiselmoleküle 1-Adamantyl$^+$ und 4-Diamantyl$^+$ kurz erläutert. Beide Moleküle konnten anhand ihrer UV-Spektren in den zuvor beschriebenen Matrixexperimenten identifiziert werden. In einfachster Näherung sind die Frequenzen im reinen Rotationsspektrum für die Übergänge $J+1 \leftarrow J$ der Rotationsquantenzahl J durch $\nu = 2B(J+1)$ gegeben, wobei B die Rotationskonstante ist[4]. Unter Berücksichtigung der Zentrifugalaufweitung und der Auswahlregeln für Rotationsübergänge spaltet jede Linie J in $J+1$ Einzellinien auf, deren Positionen durch die Zentrifugalkonstanten D_{JK} und

---

[3] 1-C ist beim Triamantan das zentrale C-Atom ohne Bindung an ein H-Atom, das zusammen mit 5-C auf der C_2-Rotationsachse liegt.
[4] Die Rotationskonstante, die der Rotation um die Symmetrieachse entspricht, spielt keine Rolle, da diese Bewegung das Dipolmoment räumlich nicht verändert.

Tabelle 4.1: Berechnete Struktureigenschaften starrer Diamantoide im neutralen und ionisierten Zustand.

Molekül	Sym.	Dipolmoment [Debye]	Richtung d. Dipolmom.	Rotationskonstanten [MHz]
neutrales Adamantan	T_d	0	–	1682, 1682, 1682
Adamantan-Kation	C_1	0.61	→ 1-C	1684, 1683, 1670
1-Adamantyl-Kation	C_{3v}	0.96	→ 1-C	1745, 1745, 1691
2-Adamantyl-Kation	C_s	2.57	→ 2-C	1768, 1721, 1668
neutrales Diamantan	D_{3d}	0	–	1272, 775, 775
Diamantan-Kation	D_{3d}	0	–	1272, 774, 774
1-Diamantyl-Kation	C_s	1.76	→ 3-C	1306, 783, 773
4-Diamantyl-Kation	C_{3v}	3.09	→ 4-C	1279, 794, 794
3-Diamantyl-Kation	C_1	3.71	→ 3-C	1282, 798, 783
neutrales Triamantan	C_{2v}	0.09	→ 5-C	816, 514, 456
Triamantan-Kation	C_{2v}	0.51	→ 1-C	806, 520, 458
2-Triamantyl-Kation	C_s	1.13	→ 2-C | 5-C	822, 517, 454
3-Triamantyl-Kation	C_1	3.18	→ 3-C | 14-C	826, 519, 457
4-Triamantyl-Kation	C_s	2.31	→ 4-C	830, 514, 459
9-Triamantyl-Kation	C_s	4.03	→ 9-C	820, 524, 464
16-Triamantyl-Kation	C_1	2.83	→ 16-C	824, 511, 463
5-Triamantyl-Kation	C_s	3.79	→ 5-C	837, 511, 463
8-Triamantyl-Kation	C_1	5.72	→ 8-C	827, 521, 459

D_J gegeben sind

$$v = 2(B - D_{JK}K^2)(J+1) - 4D_J(J+1)^3. \tag{4.2}$$

Die Intensitäten der einzelnen Rotationslinien hängen von der temperaturabhängigen Besetzung (Boltzmann-Statistik) und dem Entartungsgrad g_i der einzelnen Rotationsniveaus (J,K) ab. Unter Berücksichtigung von $g_i = 2(2J+1)g_{KS}$ ist die Stärke einer Rotationslinie $(J+1,K) \leftarrow (J,K)$ unter anderem proportional zu $[(J+1)^2 - K^2](J+1)^{-1}$, zum Quadrat des Dipolmomentes μ^2 und zum statistischen Gewicht bedingt durch die Kernspins g_{KS} (Demtröder, 2003). Letzteres hängt wiederum von der Symmetriespezies (irreduzierbaren Darstellung) der jeweiligen Rotationsniveaus ab. Für Moleküle der C_3-Punktgruppen gehören Rotationsniveaus mit $K = 3m$ ($m \in \mathbb{Z}$) zur Symmetriespezies A, alle anderen zur Symmetriespezies E. Die statistischen Gewichte $g_{KS}(A)$ und $g_{KS}(E)$ lassen sich mit Hilfe der von Jensen & Bunker (1999) angegebenen Formeln bestimmen. Unter Berücksichtigung der Kernspins $I_C = 0$ und $I_H = \frac{1}{2}$ und Beachtung der Tatsache, dass die Spiegeloperation σ_v der C_{3v}-Punktgruppe eine Permutations-Inversionsoperation darstellt, erhält man für die statistischen Gewichte des 1-Adamantyl-Kations $g_{KS}(A) = 10944$, $g_{KS}(E) = 21824$ sowie des 4-Diamantyl-Kations $g_{KS}(A) =$

174848, $g_{KS}(E) = 349440$.

In Abb. 4.9 sind die unter Verwendung der Pgopher Software (Western, 2010) simulierten Rotationsspektren für eine Temperatur von T_{rot} = 15 K dargestellt[5]. Da die Zentrifugalkonstanten im Moment nicht bekannt sind, sind die Linien unterschiedlicher J nicht aufgespalten und haben den konstanten Abstand $2B$. Aufgrund des größeren Trägheitsmomentes des Diamantans sind die Übergangsfrequenzen verglichen mit Adamantan geringer. Um einen Vergleich mit radioastronomischen Beobachtungen anstellen zu können, müssen allerdings die Rotations- und Zentrifugalkonstanten sowie die Hyperfeinstruktur der Übergänge im Labor exakt gemessen werden.

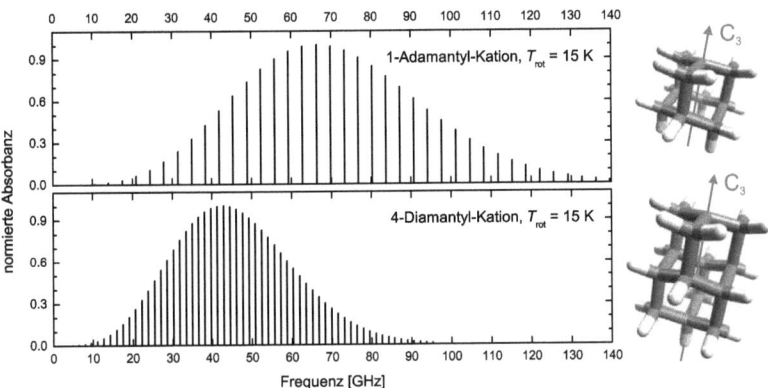

Abbildung 4.9: Simulation der Rotationsspektren der 1-Adamantyl- und 4-Diamantyl-Kationen unter Verwendung der Pgopher Software (Western, 2010). Ebenfalls eingezeichnet sind die C_3-Symmetrieachsen der Moleküle, die gleichzeitig die Richtung des Dipolmomentes angeben.

4.4 Zusammenfassung

In den vorangegangenen Abschnitten wurden die Absorptionseigenschaften kleiner Diamantoide, die als molekulare Komponenten mit diamantartiger Struktur möglicherweise zum interstellaren Staubaufkommen beitragen, theoretisch sowie experimentell untersucht. Anhand von UV-spektroskopischen Messungen matrixisolierter Moleküle im Vergleich mit TDDFT-Berechnungen konnte für die kleinsten Diamantoide (Adamantan und Diamantan) die Bildung einfach dehydrierter Kationen mit abgeschlossenen Molekülschalen infolge von Photoionisation, ausgelöst durch FUV-Bestrahlung, nachgewiesen werden. Ähnliches wurde zuvor bereits

---

[5]Ohne weitere Anregungen innerer Freiheitsgrade durch z.B. UV-Absorption! In astrophysikalischen Umgebungen entscheidet die Wechselwirkung der Moleküle mit der jeweils vorherrschenden Strahlung darüber, ob das Radiospektrum in Absorption oder Emission beobachtet werden kann.

durch Polfer et al. (2004) und Pirali et al. (2010) im infraroten Spektralbereich durch Anwendung eines indirekten Ionisationsverfahrens (Ladungstransfermethode) gefunden. Allerdings illustrieren die in dieser Arbeit erzielten Resultate, dass die Ionisation auch unter astrophysikalischen Bestrahlungsbedingungen (FUV-Photonen) mit einer Dehydrierung einhergeht. Eine weitere Ionisation der Adamantyl- und Diamantyl-Kationen, selbst in stark bestrahlten Regionen des Weltraums, wird hingegen durch das recht hohe zweite Ionisationspotenzial erschwert. DFT-Rechnungen (B3LYP/6-311++G(2d,p)) implizieren etwa eine Energiedifferenz von 14.1 eV zwischen dem Kation und Dikation des 1-Adamantyl. Die Identifikation der im Experiment erzeugten Isomere anhand von TDDFT-Rechnungen ist mit gewissen Ungenauigkeiten behaftet. Beispielsweise kann beim Diamantan nicht eindeutig geklärt werden, welches H-Atom vom Molekülrand entfernt wurde. Aufgrund der Ähnlichkeit der berechneten Spektren besteht beim Triamantan und Tetramantan zudem die Möglichkeit, dass die Ionisation gänzlich ohne H-Abspaltung vonstatten geht. Dies ließe sich dadurch erklären, dass die absorbierte Photonenenergie auf genügend viele Vibrationsfreiheitsgrade verteilt wird, wodurch eine Dissoziation vermieden werden kann. Eine eindeutige Klärung dieses Sachverhaltes wäre durch zusätzliche spektroskopische Untersuchungen FUV-prozessierter, matrixisolierter Diamantoide im Infraroten möglich, da molekulare Vibrationen mit heutigen theoretischen Methoden weitaus genauer berechnet werden können als elektronische Übergänge. Die berechneten IR-Spektren neutraler und kationischer sowie einfach dehydrierter Diamantoide (bis Triamantan) sind in Anhang A.3 zu finden.

In den hier beschriebenen Experimenten wurde die Dissoziation von Adamantan und Diamantan durch Photoionisation initiiert. Abgesehen von Rekombinationsreaktionen aufgrund der relativen Nähe der Moleküle in der Matrix kann davon ausgegangen werden, dass die Wechselwirkung mit den Matrixatomen keinen größeren Einfluss auf den Dissoziationsprozess an sich hat. Falls kleine Diamantoide in der Gasphase im All vorkommen, sollte man deshalb annehmen, dass eine durch FUV-Bestrahlung ausgelöste Ionisation vom gleichzeitgen Verlust eines H-Atoms begleitet wird. Die gemessenen Spektren der erzeugten matrixisolierten Kationen zeigen breite Absorptionsbanden im UV, die sich mit zunehmender Molekülgröße hin zu größeren Wellenlängen schieben. Die Breiten dieser Banden sind viel größer als man ausgehend von den typischen Verbreiterungsmechanismen bei der MIS erwarten würde. Verantwortlich zu machen ist dafür wahrscheinlich ein intrinsischer molekularer Effekt, d.h. eine sehr kurze Lebensdauer im elektronisch angeregten Zustand, die nicht ausschließlich auf die Wechselwirkung mit der Matrix zurückzuführen ist. (Alternativ käme auch eine Franck-Condon-Verbreiterung in Frage. Hochaufgelöste Messungen in der Gasphase könnten nähere Erkenntnisse liefern.) Ähnlich breite Banden wurden in dieser Arbeit im Übrigen auch bei den „irregulären" (*strained*) PAHs Corannulen und DBR sowie den Kationen von HBC und DBR gefunden. Wäre die Bandenbreite mit einer verkürzten Lebensdauer verknüpft, so würden die Gasphasenspektren kationischer Diamantoide im UV, abgesehen von einer kleinen Positionsverschiebung, ähnliche Bandenformen und -breiten wie in der Matrix aufweisen.

Bedauerlicherweise erschwert das Fehlen scharfer Absorptionsbanden einen möglichen Nachweis im All mittels UV-spektroskopischer Beobachtungen. Das photoprozessierte Adamantan zeigt eine breite Absorptionsbande bei 223.5 nm, die in der Gasphase bei etwas kürzeren Wellenlängen zu erwarten ist. Ein eventueller Beitrag zum interstellaren 217.5 nm UV-*Bump* kann jedoch ausgeschlossen werden, da einerseits der verantwortliche elektronische $S_0 \rightarrow S_2$ Übergang des 1-Adamantyl-Kations eher schwach ist ($f \approx 0.09$) und andererseits einige naheliegende Absorptionsbanden bei etwas kürzeren Wellenlängen zu erwarten sind, die inkompatibel mit der interstellaren Extinktionskurve wären. Indes bietet sich durch die spezielle Struktur der dehydrierten Kationen eine andere Detektionsmöglichkeit mit Hilfe astronomischer Beobachtungen an. Im Gegensatz zu ihren neutralen Ausgangsmolekülen besitzen solche Spezies aufgrund des fehlenden H-Atoms und der am Rand lokalisierten Ladung recht starke permanente Dipolmomente, was im Prinzip eine rotationsspektroskopische Identifikation erlauben sollte. Potenzielle Ziele radiobasierter Beobachtungen könnten zum einen dichte molekulare Wolken sein, falls die Zuordnung der 3.47 μm Absorptionsbande korrekt sein sollte, oder zum zweiten die nähere Umgebung von Objekten mit starkem UV-Strahlungsfeld, wie HD 97048 oder Elias 1, in denen die 3.43 und 3.53 μm Emissionsbanden beobachtet wurden.

Das deutlichste Charakteristikum der FUV-Absorption (>10 eV) diamantartigen Materials ist der kollektive $\sigma - \sigma^*$ Peak, der auf theoretischem Wege auch bei den Diamantoiden, einschließlich kationischer Derivate, nachgewiesen wurde. Interessanterweise sind dessen Position (18 eV) und Wirkungsquerschnitt (max. $1.2 - 1.3 \times 10^6$ cm^2 g^{-1}) in erstaunlich guter Übereinstimmung mit der entsprechenden Absorptionsbande, die für die etwa 20 bis 50 mal größeren meteoritischen Nanodiamanten (Mutschke et al., 2004) gemessen wurde. Das molekulare Material zeigt jedoch zusätzlich diverse schmalere Banden in der energieärmeren Flanke des $\sigma - \sigma^*$ Absorptionsprofils (siehe auch Landt et al., 2009b). Diese Ergebnisse könnten sich u.a. auch bei der Berechnung der durch stochastisches UV-Heizen ausgelösten IR-Emission von Diamantoiden als nützlich erweisen, was wiederum die anhaltende Diskussion über den Ursprung der IR-Emissionsbanden von HD 97048 und Elias 1 vorantreiben könnte.

Ausblick

Von den zwei zu Beginn dieser Arbeit beschriebenen charakteristischen Merkmalen der interstellaren Extinktion im UV-VIS, den DIBs und dem UV-*Bump*, scheint zumindest der Ursprung des zuletzt genannten Phänomens im Kern geklärt zu sein. Aromatische Graphenbruchstücke mit im Mittel etwa fünfzig C-Atomen weisen eine ausgeprägte elektronische Resonanz bei 217.5 nm auf. Wie diese aromatischen Einheiten letztendlich im ISM vorliegen, ob freifliegend als PAHs, wie sie auch für die AIBs verantwortlich sind, oder in mehr oder weniger fester Bindung in Form von locker gebundenen van-der-Waals-Clustern bzw. nanoskopischen HACs, deren Dimensionierung klein gegen die Wellenlänge ist[1], kann mit endgültiger Sicherheit eventuell niemals geklärt werden. Vermutlich sorgen in unterschiedlichen Sichtlinien variierende Anteile der genannten Komponenten für die beobachteten Variationen in der Extinktionskurve.

Im Gegensatz dazu wäre die Identifikation eines Moleküls, das für eine oder mehrere DIBs verantwortlich ist, eindeutig. Obwohl der DIB-Ursprung nach wie vor offen ist, können mittlerweile einige ursprünglich vielversprechende Molekülklassen als Träger prominenter DIBs ausgeschlossen werden. Zu nennen wären da beispielsweise die nur aus Kohlenstoff aufgebauten Ketten und Ringe (sowie deren einfache Ionen) oder die Kationen diamantartiger Moleküle, wie sie in dieser Arbeit untersucht wurden. Unter Umständen kann man (in nicht allzu ferner Zukunft) des Weiteren neutrale und ionische PAHs endgültig ausschließen. Als sozusagen letztes Testexperiment bietet sich die Untersuchung der Banden des HBC-Kations um 800 nm in der Gasphase (bei tiefen Temperaturen) an. Falls PAHs für zumindest einige der DIBs verantwortlich wären, so würde man erwarten, dass das vergleichsweise stabile HBC, dessen Größe im Bereich der anhand der AIBs geschlussfolgerten Dimensionierung interstellarer PAHs liegt, etwas häufiger im All vorhanden ist. Als experimentelles Hindernis könnte sich der geringe Dampfdruck dieses großen Moleküls herausstellen, der die Erzeugung eines Molekularstrahls, in dem die Kationen in ausreichend hoher Dichte (für CRDS-Messungen[2]) vorliegen, erschweren könnte. Alternativ könnte man versuchen, das HBC-Kation in einer Ionenfalle einzufangen, um die Absorptionsbanden mit indirekten Methoden (z.B. über Photodissoziation) zu vermessen. Die vorerst einfachste und schnellste Variante wäre jedoch die erneute Vermessung in einer anderen Edelgasmatrix (Ar, Kr, Xe), um anschließend unter Zu-

---

[1] Die Träger des UV-*Bumps* zeigen keine oder nur geringe Lichtstreuung.
[2] Messungen mittels laserinduzierter Fluoreszenz wären zwar sensitiver, könnten hier aber nicht angewandt werden, da PAH-Kationen nicht fluoreszieren.

hilfenahme der Daten der Ne-Matrix die Extrapolation auf die Gasphase durchzuführen. Diese Methode ist bereits für das neutrale HBC angewandt worden (Gredel et al., 2011). Dabei wurde gezeigt, dass selbst die stärksten Absorptionsbanden des neutralen Moleküls im UV keine nachweisbaren Strukturen auf der interstellaren Extinktionskurve erzeugen.

In Hinblick auf mögliche DIB-Träger sollten zukünftige Untersuchungen auf Moleküle ausgedehnt werden, die neben Kohlenstoff auch andere Elemente, wie Stickstoff und Sauerstoff, enthalten. Im Besonderen wären kleine Farbstoffmoleküle interessant, die in der Natur häufig vorkommen, zum Teil auch in meteoritischem Gestein gefunden wurden und intensive Absorptionsbanden im Sichtbaren zeigen, wie z.b. Chinone, Porphyrine oder andere Heteroaromate. Auch die bisher kaum untersuchten Polyene könnten sich als attraktive Alternativen herausstellen. Die Experimente könnten dabei vorerst auf kleinere Moleküle beschränkt werden, die zudem aufgrund ausreichend hoher Dampfdrücke leichter untersucht werden können. Die entsprechende Expertise sowie das benötigte Equipment zur Durchführung dieser Experimente sollten in diversen Laboratorien bereits zur Verfügung stehen.

Da PAHs in ihrer Gesamtheit sehr häufig im ISM vorhanden zu sein scheinen, bieten sich in Weiterführung der vorliegenden Arbeit unterschiedliche Untersuchungen an Molekülgemischen aus der Laserpyrolyse an. Im IR- wie auch UV-VIS-Spektralbereich könnte man die Entwicklung der Spektren unter FUV-Bestrahlung untersuchen. In diesem Zusammenhang wäre es auch erstrebenswert, die größeren Moleküle des LP-Kondensats ($\gtrsim$ 40 C-Atome) in Gemischen anzureichern, um diese spektroskopisch analysieren zu können. Dafür müssten andere Lösungsmittel (z.B. N-Methyl-2-pyrrolidon) erschlossen und auf ihre Anwendbarkeit in der HPLC untersucht werden. Weiterhin könnten die experimentell bisher noch gar nicht erforschten VUV-Eigenschaften matrixisolierter PAHs vermessen werden. Für derartige Untersuchungen müsste das vorhandene VUV-Spektrometer mit experimentellen Aufbauten erweitert werden, um Matrixspektroskopie zu ermöglichen. Mit Fenstern aus LiF könnte dabei bis minimal etwa 110 nm gearbeitet werden - elektronische Resonanzen von festem Ne wären erst bei etwa 70 nm (Boursey et al., 1970) zu erwarten.

In Anlehnung an die Ergebnisse des 4. Kapitels wäre es schließlich auch von Interesse, die Rotationsspektren ionisierter kleiner Diamantoide (Adamantan, Diamantan) experimentell zu bestimmen.

Anhang A

A.1 Kohlenstoffradikale

- Aufgrund einer restriktiven Seitenzahlbegrenzung konnten die experimentellen Untersuchungen an Kohlenstoffradikalen nicht im Hauptteil der Arbeit untergebracht werden. Es folgt eine stichpunktartige Präsentation der experimentellen Ergebnisse dieser Untersuchungen.

- Lineare C-Ketten, zum Teil auch C-Ringe wurden zuvor schon ausführlich von anderen Arbeitsgruppen untersucht. Eine aktuelle Übersicht über Arbeiten zur elektronischen Spektroskopie (im Wesentlichen in Ne-Matrix; vereinzelt in Gasphase) findet man in den Übersichtsartikeln von Jochnowitz & Maier (2008a,b). Darin wird auch deren astrophysikalische Bedeutung diskutiert. Beispielsweise wurden die elektronischen Signaturen von C_3 in Kometenschweifen und diffusen interstellaren Wolken beobachtet (Maier, 2001).

- Ursprüngliches Ziel der zu dieser Thematik hier durchgeführten Experimente war u.a. die Aufklärung der optischen Banden von zyklischem C_6 und C_8 (cC_6, cC_8). Diese Spezies könnten intensive elektronische Resonanzen im Sichtbaren aufweisen (was u.a. von Interesse hinsichtlich möglicher DIB-Zuordnungen wäre).

- DFT-Berechnungen prognostizieren, dass (bei gerader Anzahl an C-Atomen) ab vier C-Atomen ringförmige Cluster mit ungefähr gleicher Grundzustandsenergie vorliegen wie kettenförmige Moleküle.

- Sichere Zuordnungen von Banden (im IR oder UV-VIS) des kleinsten ringförmigen C-Clusters existieren bis heute jedoch nur für C_{10} (Maier, 1998). In Edelgasmatrix und Gasphase nachgewiesene Cluster mit weniger C-Atomen schienen ausschließlich linear zu sein. (Dies könnte auch an der gewählten Herstellungsmethode - gewöhnlich Laserverdampfung eines Graphittargets - liegen, bei der vorwiegend kleine C_2 und C_3 Cluster entstehen, die sich dann miteinander verbinden.)

- Allerdings wurde über den Nachweis von cC_6 (D_{3h}) und cC_8 (C_{4h}) in Ar-Matrix anhand der IR-Banden bei 1695 cm^{-1} (cC6) und 1844 cm^{-1} (cC8) berichtet (Wang et al., 1997a,b). Diese Zuordnungen beruhen auf ^{13}C-Isotopenverschiebungen in Kombination mit theoretischen Berechnungen.

- Die IR-Banden bei 1695 cm^{-1} und 1844 cm^{-1} in den folgenden Abbildungen wurden anhand der Veröffentlichungen von Wang et al. (1997a,b) den Radikalen cC_6 und cC_8 zugeordnet. Weitere Zuordnungen, auch von elektronischen Banden im VIS, basieren auf diversen Daten aus der Literatur (Ding et al., 2000; Forney et al., 1995, 1996, 1997; Freivogel et al., 1995, 1996; Grein et

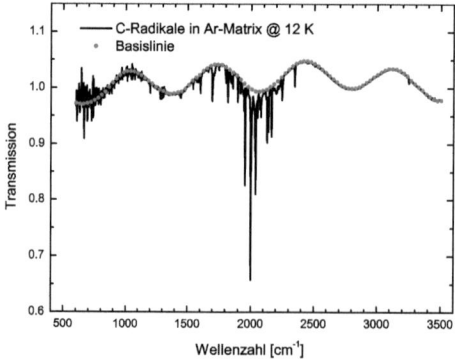

Abbildung A.1: Transmissionsspektrum (FTIR) von C-Radikalen, die durch Laserverdampfung eines Graphittargets erzeugt und in eine Ar-Matrix bei 12 K eingebettet wurden. Der wellenförmige Untergrund ist eine Interferenzerscheinung, die durch die Dicke der Ar-Matrix bestimmt wird. Er wurde im Folgenden herauskorrigiert.

al., 2001; Grutter et al., 1997, 1999; Krätschmer & Sorg, 1985; Martin et al., 1991a,b; Szczepanski et al., 1991, 1996, 2001; Wang et al., 1997a,b; Weltner et al., 1964a,b, 1971; Wyss et al., 1999). Zu bemerken ist, dass einige dieser Zuordnungen im Laufe der vergangenen Jahre gelegentlich korrigiert wurden. Die sichersten Zuordnungen, insbesondere elektronischer Banden, basieren auf Experimenten mit Massenselektion, wie sie von der Maier-Gruppe aus Basel durchgeführt wurden.

- In einem neueren Artikel wird über eine alternative Zuordnung der vermeintlichen cC_6- und cC_8-Banden im IR berichtet (Strelnikov et al., 2005). Die Bande bei 1695 cm^{-1} wird dabei linearem C_{15} zugeordnet, die Bande bei 1844 cm^{-1} könnte durch ein nicht näher spezifiziertes Oxid (C_nO_m) verursacht werden, das durch Unreinheiten in der Matrix (oder bereits im Graphittarget) gebildet worden sein könnte.

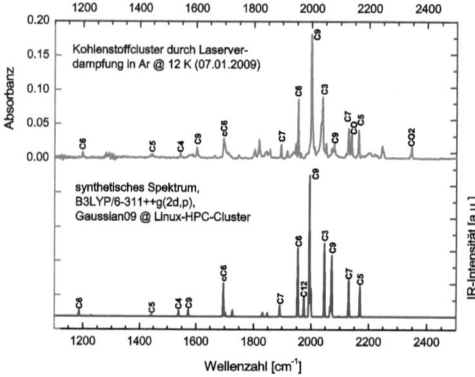

Abbildung A.2: Untergrundkorrigiertes IR-Absorptionsspektrum von C-Radikalen in Ar (12 K) direkt nach der Laserverdampfung (oben) im Vergleich mit einem synthetischen Spektrum der häufigsten Spezies (unten). Die theoretischen IR-Frequenzen wurden für jede Spezies anhand der stärksten Mode (im Vergleich zum Experiment) skaliert. Der mittlere Skalierungsfaktor betrug 0.964. Die C_{12}-Bande liegt im Experiment fast innerhalb der stärksten C_9 Bande und erzeugt eine schwache Schulter, was in der hier gewählten Darstellung nicht zu erkennen ist. Die ältere Zuordnung der Bande bei 1695 cm^{-1} zu cC_6 wurde hier verwendet.

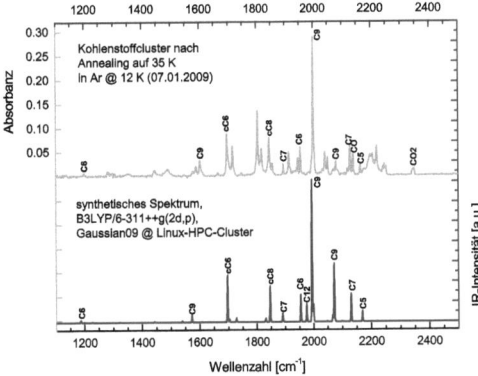

Abbildung A.3: Spektrum der C-Cluster aus Abb. A.2 nach Annealing der Ar-Matrix auf 35 K. Beim Erwärmen können die kleineren Spezies (hauptsächlich C_3, auch C_2 falls vorhanden) durch die Matrix diffundieren, wodurch sie miteinander reagieren, um größere Radikale zu bilden. Einige der stärkeren Banden konnten nicht anhand von Literaturspektren zugeordnet werden. Sie könnten von Spezies stammen, die nicht nur C enthalten, sondern auch andere Elemente (vornehmlich O), die beim Verdampfen des Graphits in die Matrix gelangten. Auch hier wurden die älteren Bandenzuordnungen zu cC_6 und cC_8 verwendet.

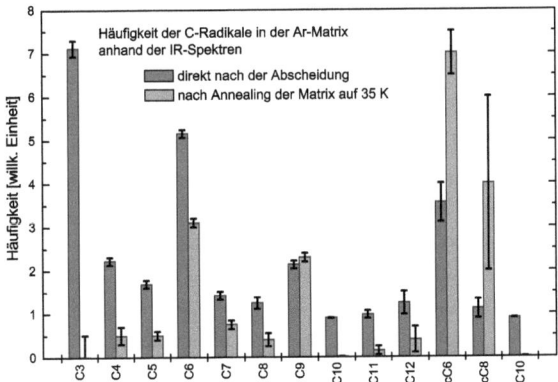

Abbildung A.4: Häufigkeit der kleineren Radikale vor und nach Annealing der Ar-Matrix. Die Häufigkeiten wurden anhand der berechneten Stärken der IR-Banden bestimmt. Im Diagramm sind lediglich die Spezies enthalten, deren Bandenzuordnung als einigermaßen sicher gilt, wobei cC_6 alternativ C_{15} und cC_8 sowie cC_{10} andere Radikale (nicht näher bestimmte Oxide) sein könnten. (Die Häufigkeiten, beispielsweise für C_{15}, müssten in diesem Fall neu berechnet werden.)

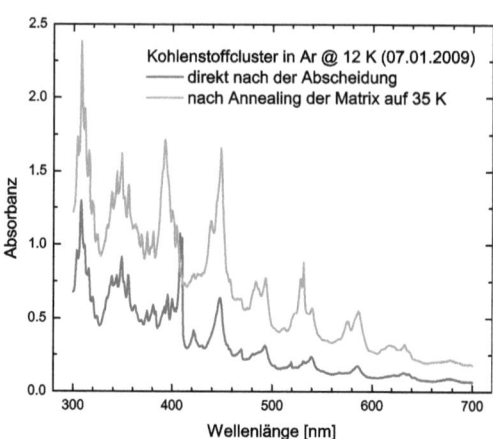

Abbildung A.5: UV-VIS-Spektren der C-Cluster in einer Ar-Matrix vor und nach Annealing. Die Spektren sind praktisch identisch zu den von Krätschmer & Sorg (1985) bereits zuvor gemessenen. Größere, ungeradzahlige C-Cluster (lineares C_{15} bis mindestens C_{23}; siehe Abb. A.6), die im IR nicht zu erkennen sind, erzeugen starke und breite Banden im Spektrum. Nicht alle Banden im Spektrum lassen sich zweifelsfrei zuordnen, da die meisten Literaturdaten für Spezies in Ne existieren und die Bandenverschiebungen im Vergleich zur Ar-Matrix für unterschiedlich große Radikale teils erheblich variieren können. (Naturgemäß treten die stärksten Verschiebungen bei den großen linearen Ketten auf.) Nach Annealing erscheinen neue, zum Teil sehr intensive Banden im VIS, von denen einige eventuell von oxidischen Molekülen (C_nO_m) verursacht werden. Diese wären auch hinsichtlich der DIB-Problematik von Interesse. Dafür müssten jedoch ausführlichere Untersuchungen durchgeführt werden.

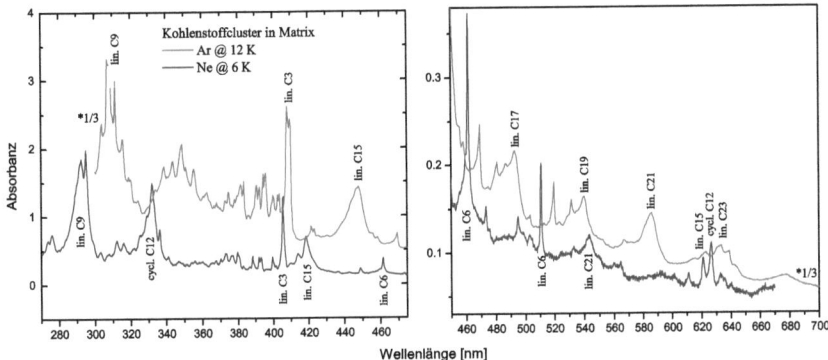

Abbildung A.6: UV-VIS-Spektren der C-Cluster in einer Ne-Matrix im Vergleich zur Ar-Matrix. Die matrixinduzierten Bandenverschiebungen sind bei diesen Spezies zum Teil erheblich. In Ne konnten alle erkennbaren Banden im Wesentlichen zugeordnet werden (anhand von Literaturdaten der Arbeitsgruppe von J. P. Maier). Falls cC_6 (D_{3h}) in der Ne-Matrix vorhanden sein sollte, dann könnten intensive Banden um 420 nm (Grein et al., 2001) zu erwarten sein. (Im Gegensatz dazu würde cC_6 in seiner energetisch ebenfalls möglichen D_{6h}-Form Banden weiter im UV, um 260 nm, aufweisen.) Scheinbar liegt jedoch C_6 in Ne nur in seiner linearen Form vor, was anhand der entsprechend schmalen Banden erkennbar ist. Zu erwähnen ist, dass eine Diffusion von kleinen Radikalen in Ne stark behindert ist, da die Matrix wesentlich starrer ist als bei Ar. Auch können keine Annealingexperimente durchgeführt werden, da die Matrix beim Erwärmen anfängt zu verdampfen. Man könnte vermuten, dass cC_6, falls die Zuordnung der IR-Bande bei 1695 cm^{-1} korrekt sein sollte, nur in der Ar-Matrix durch C_3-Kombination entsteht - in der Ne-Matrix oder in der Gasphase durch Laserverdampfung aber eventuell nicht erzeugt werden kann.

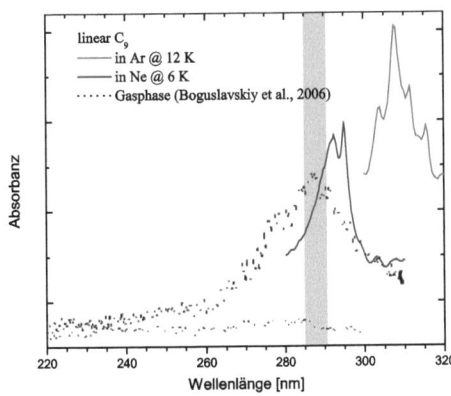

Abbildung A.7: Die elektronische C_9-Bande des $^1\Sigma_u^+ \leftarrow X^1\Sigma_g^+$ Übergangs zum Vergleich in Matrix und Gasphase (Boguslavskiy & Maier, 2006). In der Ar-Matrix überlagern eventuell Banden anderer Spezies die C_9-Bande. Die Gasphasenmessung war nur mit Hilfe eines dissoziativen *Hole-Burning*-Experiments erfolgreich, mittels REMPI (*resonant enhanced multiphoton ionization*) beispielsweise konnte kein Spektrum gemessen werden, was u.U. an der extrem kurzen Lebensdauer im angeregten Zustand liegt (Boguslavskiy & Maier, 2006). Der grau markierte Bereich verdeutlicht den Scanbereich des CRDS-Experiments aus Abb. A.8.

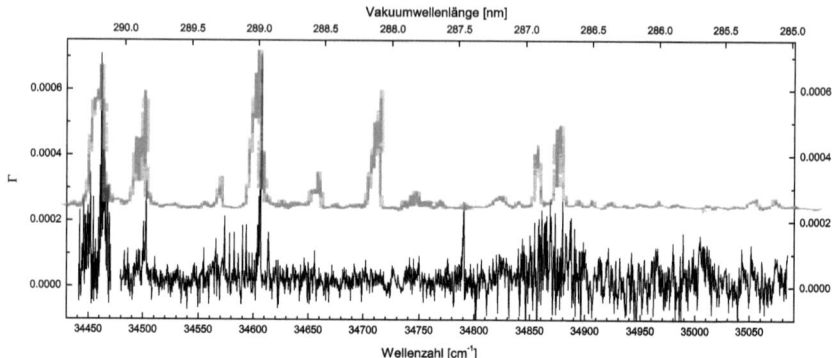

Abbildung A.8: CRDS-Spektrum (untere, schwarze Kurve) von laserverdampften C-Radikalen im Bereich des $^1\Sigma_u^+ \leftarrow X^1\Sigma_g^+$ Übergangs von C_9. Aufgrund der Breite der C_9-Bande (siehe Abb. A.7) lässt sich diese mit Hilfe der spektral hochauflösenden CRDS nicht vermessen. (Das Spektrum wurde bereits aus mehreren Einzelscans zusammengefügt und untergrundkorrigiert.) Stattdessen sind scharfe Banden eines extrem schwachen, verbotenen C_3-Übergangs vorhanden, die in den Matrixexperimenten nicht zu erkennen waren. Der Vergleich mit dem Spektrum von Lemire et al. (1989), das durch resonante Zweiphotonenionisation gemessen wurde (obere, blaue Kurve), zeigt die Vorteile der CRDS auf. Die Verluste in der Cavity (Γ) sind direkt proportional zum Absorptionskoeffizienten. Bei indirekten Messmethoden können hingegen vereinzelte Banden im Spektrum stärker oder schwächer als im realen Absorptionsspektrum erscheinen.

A.2 PAHs

Hückeltheorie am Beispiel des PAHs Pyren

Nachfolgend wird am Beispiel der Hückel-Methode skizziert, wie die Molekülorbitale mittels LCAO konstruiert werden können. Die vereinfachte Hückelmethode beschreibt Systeme, deren Eigenschaften im Wesentlichen durch π-Elektronen bestimmt werden, wie z.b. aromatische Strukturen. Sie führt diverse Näherungen ein, liefert aber oft die energetisch richtige Reihenfolge der Orbitale. Deshalb können die Hückelorbitale als Ausgangspunkt für ausgefeiltere ab-initio / DFT-Rechnungen verwendet werden. Als Basisfunktionen werden nur die p-Atomorbitale verwendet, die senkrecht zu den Bindungen zwischen den Atomen im Molekül stehen. Durch Linearkombinationen dieser p-Orbitale wird das Netzwerk der π-Elektronen gebildet.

Abbildung A.9: Pyren mit zwecks Übersichtlichkeit verkleinert dargestellten p_z-Orbitalen der C-Atome und verwendetes Koordinatensystem.

Repräsentativ für die untersuchten PAHs aus Kapitel 3 dient Pyren $C_{16}H_{10}$ (Punktgruppe D_{2h}) als Beispiel. Die $2s$, $2p_x$ und $2p_y$ Orbitale bilden mittels sp^2-Hybridisierung die σ-Bindungen der zugrundeliegenden Graphenstruktur. Zur Beschreibung der delokalisierten π-Elektronen werden nur die 16 $2p_z$ Atomorbitale verwendet. Diese bilden im Molekül 16 π-Orbitale (8 bindende und 8 antibindende) mit den Orbitalsymmetrien B_{2g} (5x), B_{3g} (3x), A_u (3x) und B_{1u} (5x), was aus der reduzierbaren Darstellung der p_z-Orbitale hervorgeht:

D_{2h}	E	$C_2(z)$	$C_2(y)$	$C_2(x)$	i	$\sigma(xy)$	$\sigma(xz)$	$\sigma(yz)$
16 C($2p_z$)	16	0	0	-4	0	-16	4	0

$$= 5\,B_{2g} + 3\,B_{3g} + 3\,A_u + 5\,B_{1u}$$

Die Wellenfunktion hat die Form

$$\varphi = \sum_{i=1}^{16} a_i (2p_z)_i \tag{A.1}$$

mit den zu bestimmenden Parametern a_i. Eine weitere Vereinfachung der Hückel-Methode besteht in der Vernachlässigung der Wechselwirkung von p_z-Orbitalen, die nicht zu direkt nebeneinander sitzenden C-Atomen gehören. Die Wechselwirkungsenergie benachbarter p_z-Orbitale wird für alle π-Bindungen als gleich angenommen. Durch Einsetzen von A.1 in Gleichung 2.14 und Verwenden des Variationstheorems unter Ausnutzung der zuvor erwähnten Vereinfachungen lässt sich das Problem auf folgende Form bringen:

$$\begin{vmatrix} x & 1 & 0 & 0 & 0 & 1 & 0 & 0 & 0 & 0 & 0 & 0 & 0 & 0 & 0 & 0 \\ 1 & x & 1 & 0 & 0 & 0 & 0 & 0 & 0 & 0 & 0 & 0 & 0 & 0 & 0 & 0 \\ 0 & 1 & x & 1 & 0 & 0 & 1 & 0 & 0 & 0 & 0 & 0 & 0 & 0 & 0 & 0 \\ 0 & 0 & 1 & x & 1 & 0 & 0 & 0 & 1 & 0 & 0 & 0 & 0 & 0 & 0 & 0 \\ 0 & 0 & 0 & 1 & x & 1 & 0 & 0 & 0 & 1 & 0 & 0 & 0 & 0 & 0 & 0 \\ 1 & 0 & 0 & 0 & 1 & x & 0 & 0 & 0 & 0 & 0 & 0 & 0 & 0 & 0 & 0 \\ 0 & 0 & 1 & 0 & 0 & 0 & x & 1 & 0 & 0 & 0 & 0 & 0 & 0 & 0 & 0 \\ 0 & 0 & 0 & 0 & 0 & 1 & x & 1 & 0 & 0 & 0 & 0 & 0 & 0 & 0 & 0 \\ 0 & 0 & 0 & 0 & 0 & 0 & 1 & x & 1 & 0 & 0 & 0 & 1 & 0 & 0 & 0 \\ 0 & 0 & 0 & 1 & 0 & 0 & 0 & 0 & 1 & x & 0 & 0 & 1 & 0 & 0 & 0 \\ 0 & 0 & 0 & 0 & 1 & 0 & 0 & 0 & 0 & 0 & x & 1 & 0 & 0 & 0 & 0 \\ 0 & 0 & 0 & 0 & 0 & 0 & 0 & 0 & 0 & 0 & 1 & x & 1 & 0 & 0 & 0 \\ 0 & 0 & 0 & 0 & 0 & 0 & 0 & 0 & 0 & 1 & 0 & 1 & x & 0 & 1 & 0 \\ 0 & 0 & 0 & 0 & 0 & 0 & 0 & 0 & 1 & 0 & 0 & 0 & 0 & x & 0 & 1 \\ 0 & 0 & 0 & 0 & 0 & 0 & 0 & 0 & 0 & 0 & 0 & 0 & 1 & 0 & x & 1 \\ 0 & 0 & 0 & 0 & 0 & 0 & 0 & 0 & 0 & 0 & 0 & 0 & 0 & 1 & 1 & x \end{vmatrix} = 0 \text{ , wobei } x := \frac{\alpha - E}{\beta} \qquad (A.2)$$

$$\alpha = \int (2p_z)_i^* \hat{H} (2p_z)_i d\tau \qquad (A.3)$$

$$\beta = \int (2p_z)_i^* \hat{H} (2p_z)_j d\tau \qquad \text{(Atome i,j sind benachbart)} \qquad (A.4)$$

Dabei sind α die Energie eines Elektrons im $2p_z$-Orbital und β die Wechselwirkungsenergie zwischen zwei benachbarten $2p_z$-Orbitalen. Als Lösungen ergeben sich die Energieeigenwerte E auf numerischem Weg durch z.B. Diagonalisieren obiger Matrix mit der Substitution $x = 0$. Man erhält für die vier obersten besetzten bzw. vier untersten unbesetzten Molekülorbitale $E = \alpha \pm 0.445\beta$, $\alpha \pm 0.879\beta$, $\alpha \pm 1\beta$, $\alpha \pm 1.247\beta$. Dies ist auf der linken Seite in Abb. 2.6 dargestellt. Die Gesamtenergie aller 16 π-Elektronen ergibt sich zu $16\alpha + 22.505\beta$. Die Energie von acht separaten Ethylen-Einheiten (C-C-Bindungen) ist $16\alpha + 16\beta$. Damit ist die Delokalisierungsenergie 6.51β. Die Form der Molekülorbitale in Hückelnäherung kann durch Bestimmung der Eigenvektoren, also Bestimmung der a_i ebenfalls numerisch ermittelt werden. Abb. 2.6 zeigt den Vergleich mit DFT-berechneten Orbitalen. Offensichtlich liefert die Hückelmethode quantitativ eher ungenügende Resultate.

Abbildung A.10: Alle 122 PAH-Strukturen, die bei der Berechnung der theoretischen Absorptionsspektren der PAH-Mischungen (Abb. 3.13) verwendet wurden.

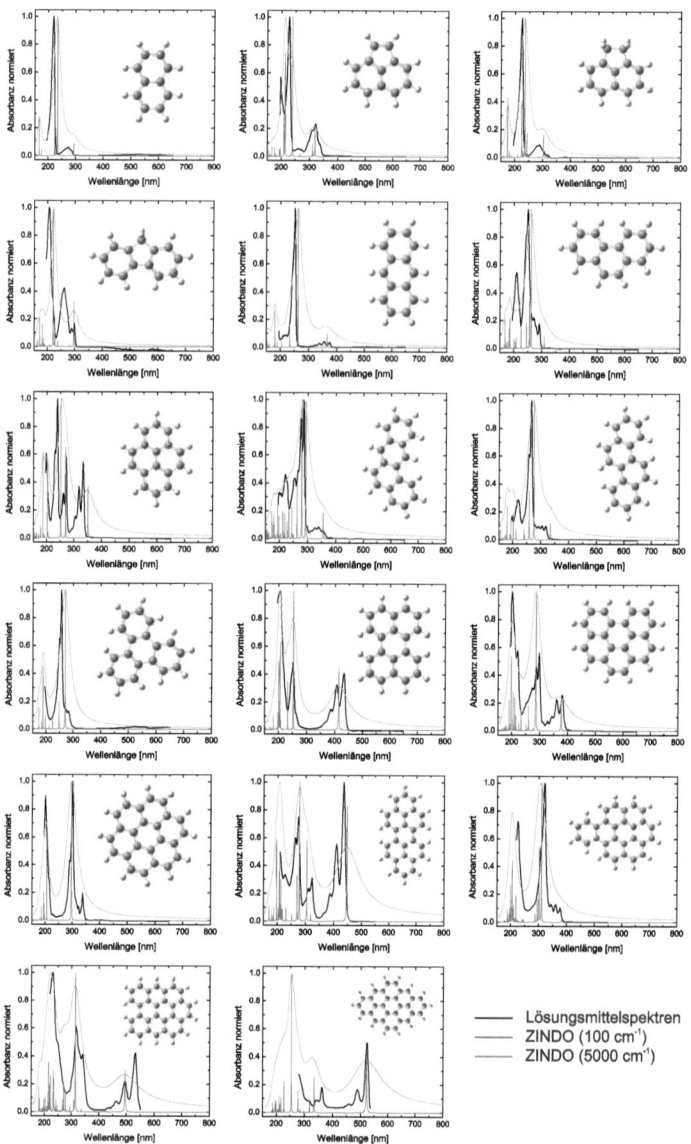

Abbildung A.11: Lösungsmittelspektren von PAHs im Vergleich mit Resultaten aus dem semiempirischen ZINDO-Modell. Die theoretischen Kurven wurden durch Faltung mit zwei verschieden breiten (FWHM) Lorentzfunktionen berechnet. Die Lösungsmittelspektren (verschiedene Lösungsmittel) stammen aus der Softwaredatenbank der HPLC-Apparatur. Die unterschiedlichen Lösungsmittel haben einen vergleichsweise geringen Einfluss.

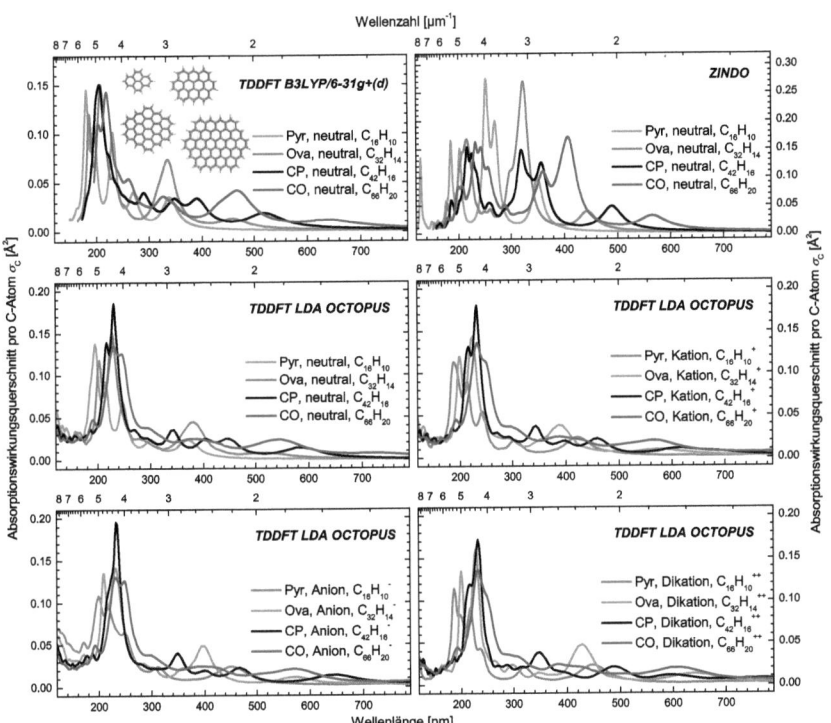

Abbildung A.12: Berechnete Spektren von PAHs mit D_{2h} Symmetrie in unterschiedlichen Ladungszuständen. Die mittels LDA berechneten Spektren stammen aus der Datenbank von Malloci et al. (2007). Eine analoge Abbildung für PAHs mit D_{6h} Symmetrie ist in Abschnitt 3.4.3 zu finden (Abb. 3.17). Die Abkürzungen bedeuten: Pyr = Pyren, Ova = Ovalen, CP = Circumpyren, CO = Circumovalen.

A.3 Diamantoide

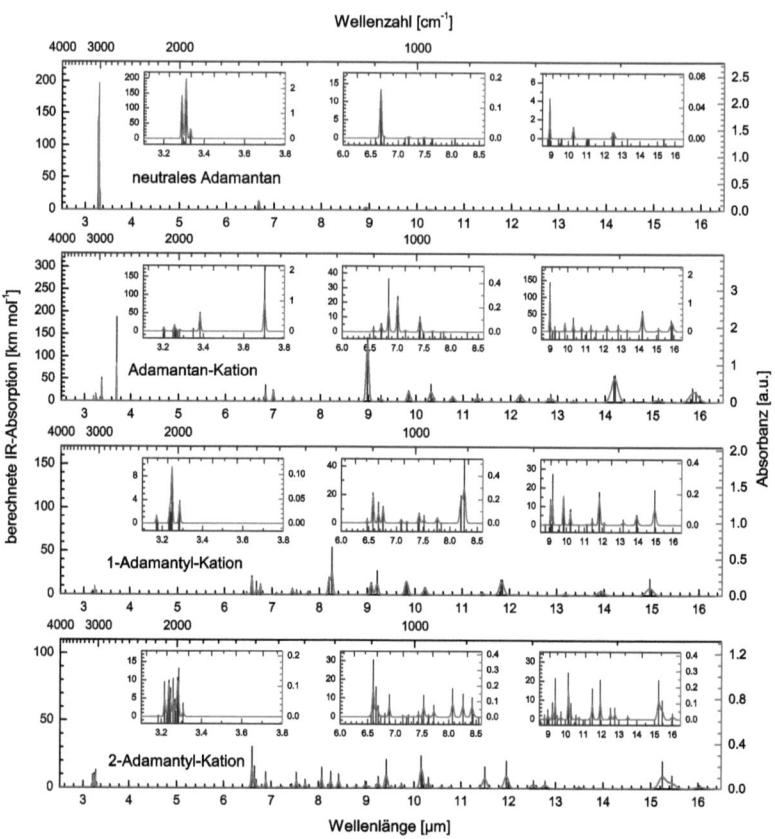

Abbildung A.13: Berechnete Infrarotspektren von Adamantan und kationischer Derivate. Theorielevel: B3LYP/6-311++G(2d,p)

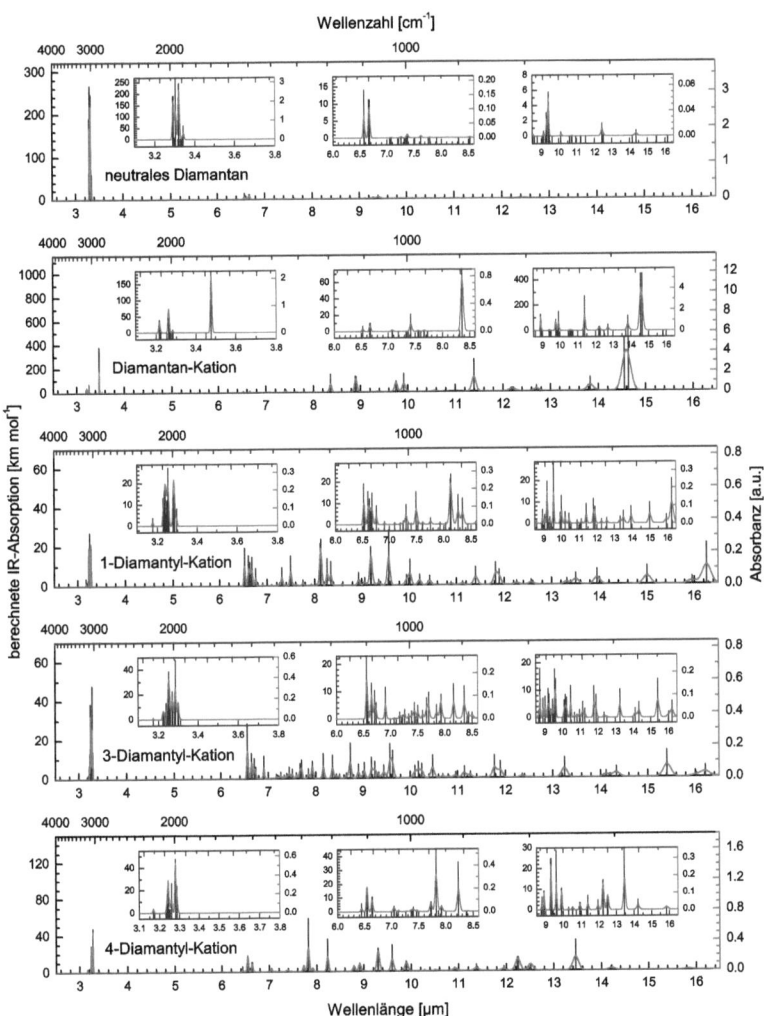

Abbildung A.14: Berechnete Infrarotspektren von Diamantan und kationischer Derivate. Theorielevel: B3LYP/6-311+G(d)

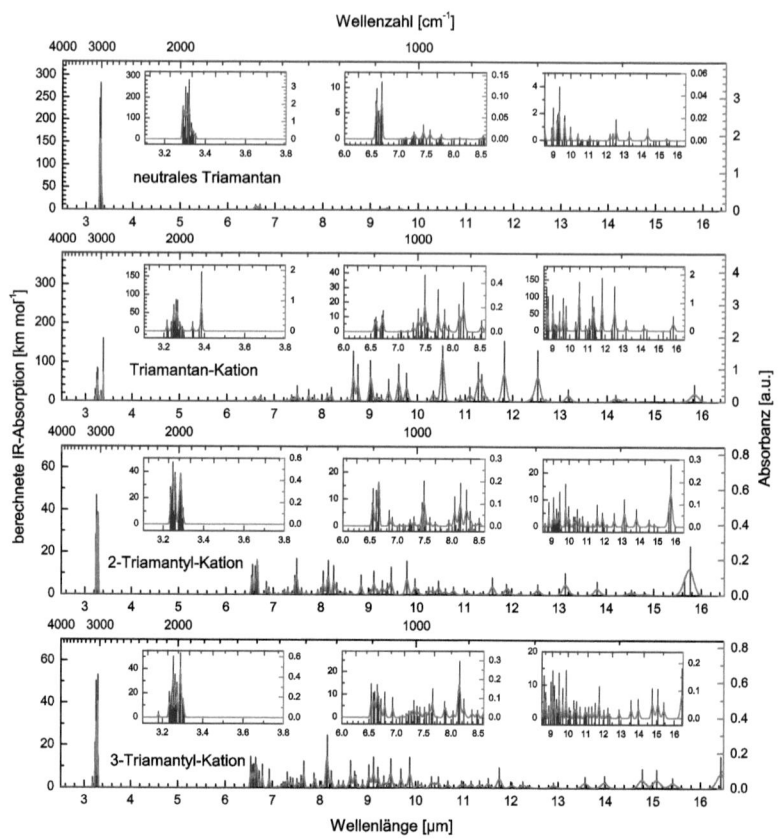

Abbildung A.15: Berechnete Infrarotspektren von Triamantan und kationischer Derivate (I). Theorielevel: B3LYP/6-311+G(d)

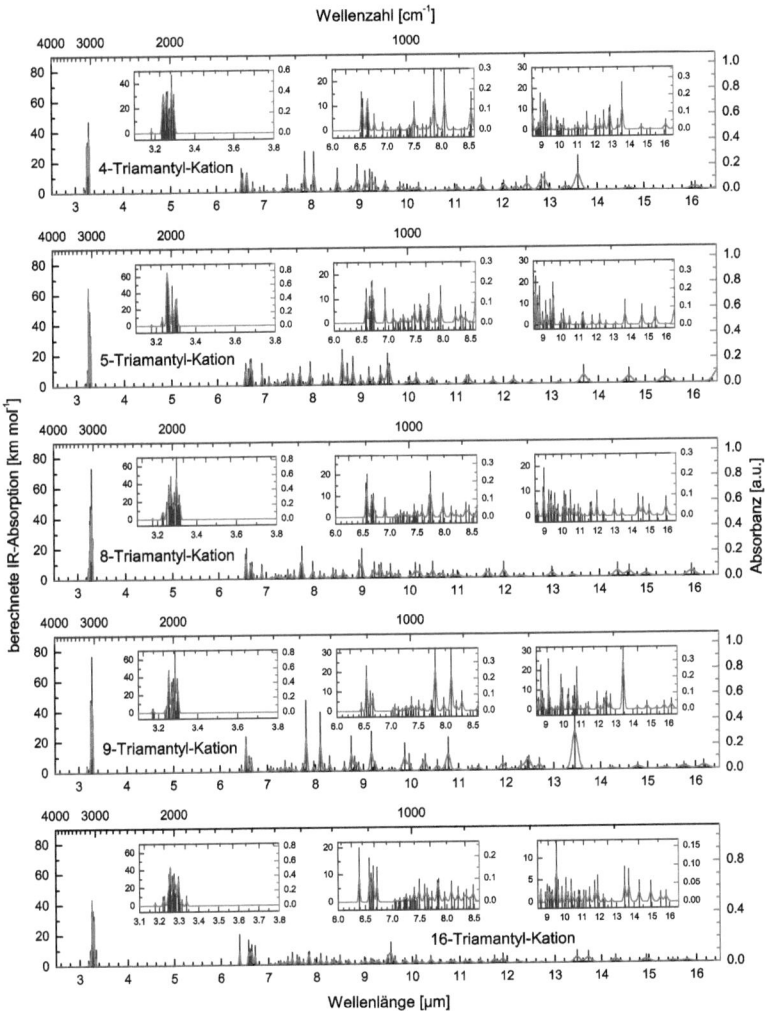

Abbildung A.16: Berechnete Infrarotspektren von Triamantan und kationischer Derivate (II). Theorielevel: B3LYP/6-311+G(d)

Literaturverzeichnis

Allain T., Leach S., Sedlmayr E., Astronomy & Astrophysics 305 (1996) 602

Allain T., Sedlmayr E., Leach S., Astronomy & Astrophysics 323 (1997) 163

Allamandola L. J., Sandford S. A., Tielens A. G. G. M., Herbst T. M., Astrophysical Journal 399 (1992) 134

Allamandola L. J., Sandford S. A., Tielens A. G. G. M., Herbst T. M., Science 260 (1993) 64

Allamandola L. J., Tielens A. G. G. M., Barker J. R., Astrophysical Journal Supplement Series 71 (1989) 733

Anders E., Zinner E., Meteoritics 28 (1993) 490

Andrade X., Botti S., Marques M., Rubio A., Journal of Chemical Physics 126 (2007) 184106

Arnoult K. M., Wdowiak T. J., Beegle L. W., Astrophysical Journal 535 (2000) 815

Bakhshiev N. G., Optics and Spectroscopy 91 (2001) 678

Balaban A. T., Schleyer P. von R., Tetrahedron 34 (1978) 3599

Ball C. D., McCarthy M. C., Thaddeus P., Astrophysical Journal, 528 (2000) L61

Barth W. E., Lawton R. G., Journal of the American Chemical Society 93 (1971) 1730

Bauschlicher Jr. C. W., Liu Y., Ricca A., Mattioda A. L., Allamandola l. J., Astrophysical Journal 671 (2007) 458

Beegle L. W., Wdowiak T. J., Robinson M. S., Cronin J. R., McGehee M. D., Clemett S. J., Gillette S., Astrophysical Journal 487 (1997) 976

Becke A. D. J., Journal of Chemical Physics 98 (1993) 1372

Berlman I. B., Handbook of Fluorescence Spectra of Aromatic Molecules (1971) Academic Press

Berné O., Joblin C., Rapacioli M., Thomas J., Cuillandre J.-C., Deville Y., Astronomy & Astrophysics 479 (2008) L41

Biennier L., Salama F., Allamandola L. J., Scherer J. J., Journal of Chemical Physics 118 (2003) 7863

Biktchantaev I., Samartsev V., Sepiol J., Journal of Luminescence 98 (2002) 265

Bockhorn H., D'Anna A., Sarofim A. F., Wang H., Combustion Generated Fine Carbonaceous Particles, Proceedings of an International Workshop held in Villa Orlandi, Anacapri, May 13-16, 2007 (2009) KIT Scientific Publishing

Boguslavskiy A. E., Maier J. P., Journal of Chemical Physics 125 (2006) 094308

Boursey E., Roncin J.-Y., Damany H., Physical Review Letters 25 (1970) 1279

Bouwman J., Paardekooper D. M., Cuppen H. M., Linnartz H., Allamandola L. J., Astrophysical Journal 700 (2009) 56

Brooke T. Y., Sellgren K., Smith R. G., Astrophysical Journal 459 (1996) 209

Burtscher H., Journal of Aerosol Science 23 (1992) 549

Cairns R. B., Harrison H., Schoen R. I., Journal of Chemical Physics 55 (1971) 4886

Calzetti D., Bohlin R. C., Gordon K. D., Witt A. N., Bianchi L., Astrophysical Journal 446 (1995) L97

Cami J., Bernard-Salas J., Peeters E., Malek S. E., Science 329 (2010) 1180

Cami J., Salama F., Jiménez-Vicente J., Galazutdinov G. A., Krełowski J., Astrophysical Journal 611 (2004) L113

Cardelli J. A., Clayton G. C., Mathis J. S., ApJ 345 (1989) 245

Castro A., Appel H., Oliveira M., Rozzi C. A., Andrade X., Lorenzen F., Marques M. A. L., Gross E. K. U., Rubio, A., Physica Status Solidi B Basic Research 243 (2006) 2465

Cecchi-Pestellini C., Malloci G., Mulas G., Joblin C., Williams D. A., Astronomy & Astrophysics 486 (2008) L25

Cherchneff I., Barker J., Tielens A. G. G. M., Astrophysical Journal 401 (1992) 269

Clayton G. C., Gordon K. D., Salama F., Allamandola L. J., Martin P. G., Snow T. P., Whittet D. C. B., Witt A. N., Wolff M. J., Astrophysical Journal 592 (2003) 947

Cox N. L. J., Boudin N., Foing B. H., Schnerr R. S., Kaper L., Neiner C., Henrichs H., Donati J.-F., Ehrenfreund P., Astronomy & Astrophysics 465 (2007) 899

Cox N. L. J., Kaper L., Foing B. H., Ehrenfreund P., Astronomy & Astrophysics 438 (2005) 187

Dahl J. E., Liu S. G., Carlson R. M. K., Science 299 (2003) 96

Davidson E. R., Borden W. T., Journal of Physical Chemistry 87 (1983) 4783

Demtröder W., Molekülphysik - Theoretische Grundlagen und experimentelle Methoden (2003) Oldenbourg Verlag München Wien

Dewar M. J. S., Zoebisch E. G., Healy E. F., Stewart J. J. P., Journal of the American Chemical Society 107 (1985) 3902

Ding X. D., Wang S. L., Rittby C. M. L., Graham W. R. M., Journal of Chemical Physics 112 (2000) 5113

Dobbins R. A., Fletcher R. A., Chang H.-C., Combustion and Flame 115 (1998) 285

Draine B. T., Annual Review of Astronomy and Astrophysics 41 (2003) 241

Draine B. T., Lazarian A., Astrophysical Journal 494 (1998) L19

Draine B. T., Li A., Astrophysical Journal 657 (2007) 810

Dresselhaus M. S., Pimenta M. A., Eklund P. C., Dresselhaus G., Raman Scattering in Materials Science (2000) Springer Berlin

Drummond N. D., Nature Nanotechnology 2 (2007) 462

Duley W. W., Lazarev S., Astrophysical Journal 612 (2004) L33

Duley W. W., Seahra S., Astrophysical Journal 507 (1998) 874

Ehrenfreund P., Foing B. H., Astronomy & Astrophysics 307 (1996) L25

Ehrenfreund P., d'Hendecourt L., Joblin C., Léger A., Astronomy & Astrophysics 266 (1992) 429

Fitzpatrick E. L., Massa D., Astrophysical Journal 328 (1988) 734

Forney D., Freivogel P., Grutter M., Maier J. P., Journal of Chemical Physics 104 (1996) 4954

Forney D., Fulara J., Freivogel P., Jakobi M., Lessen D., Maier J. P., Journal of Chemical Physics 103 (1995) 48

Forney D., Grutter M., Freivogel P., Maier J. P., Journal of Physical Chemistry A 101 (1997) 5292

Fossey S. J., Nature 353 (1991) 393

Foresman J. B., Frisch Æ., Exploring Chemistry with Electronic Structure Methods - Second Edition (1996) Gaussian Inc. Pittsburgh PA

Freivogel P., Fulara J., Jakobi M., Forney D., Maier J. P., Journal of Chemical Physics 103 (1995) 54

Freivogel P., Grutter M., Forney D., Maier J. P., Chemical Physics Letters 249 (1996) 191

Frenklach M., Feigelson E., Astrophysical Journal 341 (1989) 372

Frisch M. J. et al., Gaussian 03, Revision C.02 (2004) Gaussian Inc. Wallingford CT

Frisch M. J. et al., Gaussian 09 Revision A.02 (2009) Gaussian Inc. Wallingford CT

Gadallah K. A. K., Mutschke H., Jäger, C., Astronomy & Astrophysics 528 (2011) A56

Galazutdinov G. A., Gnacinski P., Han I., Lee B., Kim K., Krełowski J., Astronomy & Astrophysics 447 (2006) 589

Galazutdinov G. A., LoCurto G., Krełowski J., Astrophysical Journal 682 (2008) 1076

Galazutdinov G., Moutou C., Musaev F., Krełowski J., Astronomy & Astrophysics 384 (2002) 215

Gordon K. D., „Astrophysics of Dust" ASP conference proceedings 196 (2004) 77

Gredel R., Carpentier Y., Rouillé G., Steglich M., Huisken F., Henning Th., Astronomy & Astrophysics 530 (2011) A26

Grein F., Franz J., Hanrath M., Peyerimhoff S. D., Chemical Physics 263 (2001) 55

Grutter M., Freivogel P., Forney D., Maier J. P., Journal of Chemical Physics 107 (1997) 5356

Grutter M., Wyss M., Riaplov E., Maier J. P., Peyerimhoff S. D., Hanrath M., Journal of Chemical Physics 111 (1999) 111 7397

Guillois O., Ledoux G., Reynaud C., Astrophysical Journal 521 (1999) L133

Habart E., Testi L., Natta A., Carbillet M., Astrophysical Journal 614 (2004) L129

Halasinski T. M., Hudgins D. M., Salama F., Allamandola L. J., Bally T., Journal of Physical Chemistry A 104 (2000) 7484

Halasinski T. M., Weisman J. L., Ruiterkamp R., Lee T. J., Salama F., Head-Gordon M., Journal of Physical Chemistry A 107 (2003) 3660

Harris D. C., Bertolucci M. D., Symmetry and Spectroscopy - An Introduction to Vibrational and Electronic Spectroscopy (1989) Dover Publications N.Y.

Heger M. L., Lick Observatory Bulletin 10 (1922) 146

Helden G. von, Hsu M. T., Gotts N., Bowers M. T., Journal of Physical Chemistry 97 (1993) 8182

Henning Th., Salama F., Science 282 (1998) 2204

Herbig G. H., Annual Review of Astronomy and Astrophysics 33 (1995) 19

Herzberg G., Electronic Spectra of Polyatomic Molecules (1966) Van Nostrand Reinhold N.Y.

Herzberg G., Journal of the Royal Astronomical Society of Canada 82 (1988) 115

Hilborn R. C., American Journal of Physics 50 (1982) 982

Hirata S., Lee T. J., Head-Gordon M., Journal of Chemical Physics 111 (1999) 8904

Hohenberg P., Kohn W., Physical Review B 136 (1964) 864

Holmlid L., Physical Chemistry Chemical Physics 6 (2004) 2048

Holmlid L., Monthly Notices of the Royal Astronomical Society 384 (2008) 764

Homann K. H., Angewandte Chemie 110 (1998) 2572

Hu A., Duley W. W., Astrophysical Journal Letters 672 (2008) 81

A. Hu, W. W. Duley, Astrophysical Journal Letters 677 (2008) 153

Iglesias-Groth S., Manchado A., García-Hernández D. A., González Hernández J. I., Lambert D. L., Astrophysical Journal 685 (2008) L55

Iglesias-Groth S., Manchado A., Rebolo R., González Hernández J. I., García-Hernández D. A., Lambert D. L., Monthly Notices of the Royal Astronomical Society 407 (2010) 2157

Jäger C., Huisken F., Mutschke H., Henning Th., Poppitz W., Voicu I., Carbon 45 (2007) 2981

Jäger C., Huisken F., Mutschke H., Llamas Jansa I., Henning Th., Astrophysical Journal 696 (2009) 706

Jenniskens P., Désert F.-X., Astronomy & Astrophysics Supplement Series 106 (1994) 39

Jensen P., Bunker P. R., Molecular Physics 97 (1999) 821

Joblin C., Léger A., Martin P., Astrophysical Journal 393 (1992) L79

Jochims H. W., Rühl E., Baumgärtel H., Tobita S., Leach S., Astrophysical Journal 420 (1994) 307

Jochnowitz E. B., Maier J. P., Molecular Physics 106 (2008) 2093

Jochnowitz E. B., Maier J. P., Annual Review of Physical Chemistry 59 (2008) 519

Jones A. P., d'Hendecourt L. B., Sheu S.-Y., Chang H.-C., Cheng C.-L., Hill H. G. M., Astronomy & Astrophysics 416 (2004) 235

Karle I. L., Karle J., Journal of the American Chemical Society 87 (1965) 918

Kendall T. R., Mauron N., McCombie J., Sarre P. J., Astronomy & Astrophysics 387 (2002) 624

Kerr T. H., Hibbins R. E., Miles J. R., Fossey S. J., Somerville W. B., Sarre P. J., Monthly Notices of the Royal Astronomical Society 283 (1996) L105

Kerr T. H., Hurst M. E., Miles J. R., Sarre P. J., Monthly Notices of the Royal Astronomical Society 303 (1999) 446

Kleef J., Diplomarbeit FSU Jena, Physikalisch-Astronomische Fakultät (1997)

Kokkin D. L., Reilly N. J., Troy T. P., Nauta K., Schmidt T. W., Journal of Chemical Physics 126 (2007) 084304

Kokkin D. L., Troy T. P., Nakajima M., Nauta K., Varberg T. D., Metha G. F., Lucas N. T., Schmidt T. W., Astrophysical Journal 681 (2008) L49

Kouchi A., Nakano H., Kimura Y., Kaito C., Astrophysical Journal 626 (2005) L129

Krätschmer W., Sorg N., Surface Science 156 (1985) 814

Krełowski J., Beletsky Y., Galazutdinov G. A.„ Kołos R., Gronowski M., LoCurto G., Astrophysical Journal 714 (2010) L64

Landt L., Kielich W., Wolter D., Staiger M., Ehresmann A., Möller T., Bostedt C., Physical Review B 80 (2009a) 205323

Landt L., Klünder K., Dahl J. E., Carlson R. M. K., Möller, T., Bostedt, C., Physical Review Letters 103 (2009b) 047402

Lederer M. T. , Lebzelter T., Aringer B., Nowotny W., Hron J., Uttenthaler S., Höfner S., MEMORIE della Società Astronomica Italiana 77 (2006) 1008

Léger A., d'Hendecourt L., Défourneau D., Astronomy & Astrophysics 216 (1989) 148

Léger A., Puget J. L., Astronomy & Astrophysics 137 (1984) L5

Lemire G. W., Fu Z., Hamrick Y. M., Taylor S., Morse M. D., Journal of Physical Chemistry 93 (1989) 2313

Lenzke K., Landt L., Hoener M., Thomas H., Dahl J. E., Liu S. G., Carlson R. M. K., Möller T., Bostedt C., Journal of Chemical Physics 127 (2007) 084320

Le Page V., Snow T. P., Bierbaum V. M., Astrophysical Journal 584 (2003) 316

Lewis R. S., Ming T., Wacker J. F., Anders E., Steel E., Nature 326 (1987) 160

Linnartz H., Wehres N., van Winckel H., Walker G. A. H., Bohlender D. A., Tielens A. G. G. M., Motylewski T., Maier J. P., Astronomy & Astrophysics 511 (2010) L3

Llamas-Jansa I., Jäger C., Mutschke H., Henning Th., Carbon 45 (2007) 1542

Lodders K., Fegley B. J., Proc. IAU Symp. 191, Asymptotic Giant Branch Stars, ed. T. Le Bertre, A. Lebre, C. Waelkens, SAO/NASA Astrophysics Data System, Dordrecht: Kluwer (1999) 279

Longuet-Higgins H. C., Pople J. A., Journal of Chemical Physics 27 (1957) 192

MacDonald B., Hammons J. L., Gore R. R., Maple J. R., Wehry E. L., Applied Spectroscopy 42 (1988) 1079

Maier J. P., Journal of Physical Chemistry A 102 (1998) 3462

Maier J. P., Chakrabarty S., Mazzotti F. J., Rice C. A., Dietsche R., Walker G. A. H., Bohlender D. A., Astrophysical Journal 729 (2011) L20

Maier J. P., Lakin N. M., Walker G. A. H., Bohlender D. A., Astrophysical Journal 553 (2001) 267

Maier J. P., Walker G. A. H., Bohlender D. A., Astrophysical Journal 602 (2004) 286

Malloci G., Joblin C., Mulas G., Chemical Physics 332 (2007) 353

Malloci G., Mulas G., Benvenuti P., Astronomy & Astrophysics 410 (2003) 623

Malloci G., Mulas G., Cecchi-Pestellini C., Joblin C., Astronomy & Astrophysics 489 (2008) 1183

Malloci G., Mulas G., Joblin C., Astronomy & Astrophysics 426 (2004) 105

Marques M. A. L., Gross E. K. U., Annual Review of Physical Chemistry 55 (2004) 427

Marques M. A. L., Ullrich C. A., Nogueira F., Rubio A., Burke K., Gross E. K. U., Time-Dependent Density Functional Theory - Lecture Notes in Physics Vol. 706 (2006) Springer Berlin

Martin J. M. L., Francois J. P., Gijbels R., Journal of Chemical Physics 94 (1991a) 3753

Martin J. M. L., Francois J. P., Gijbels R., Almlöf J., Chemical Physics Letters 187 (1991b) 367

Mathis J. S., Annual Review of Astronomy and Astrophysics 28 (1990) 37

McCall B. J. et al., „Correlations among Diffuse Interstellar Bands, Atoms, and Small Molecules" 60th Ohio State University International Symposium on Molecular Spectroscopy (2005)

McKervey M. A., Tetrahedron 36 (1980) 971

Mennella V., Colangeli L., Bussoletti E., Palumbo P., Rotundi A., Astrophysical Journal 507 (1998) L177

Merrill P. W., Publications of the Astronomical Society of the Pacific 46 (1934) 206

Merrill P. W., Astrophysical Journal 82 (1936) 126

Motylewski T., Linnartz H., Vaizert O., Maier J. P., Galazutdinov G. A., Musaev F. A., Krełowski J., Walker G. A. H., Bohlender D. A., Astrophysical Journal 531 (2000) 312

Moutou C., Krełowski J., d'Hendecourt L., Jamroszczak J., Astronomy & Astrophysics 351 (1999) 680

Mutschke H., Andersen A. C., Jäger C., Henning T., Braatz A., Astronomy & Astrophysics 423 (2004) 983

Ohta N., Baba H., Marconi G., Chemical Physics Letters 133 (1987) 222

Öktem B., Tolocka M. P., Zhao B., Wang H., Johnston M. V., Combustion and Flame 142 (2005) 364

Oomens J., Polfer N., Pirali O., Ueno Y., Maboudian R., May P. W., Filik J., Dahl J. E., Liu S., Carlson R. M. K., Journal of Molecular Spectroscopy 238 (2006) 158

Papoular R., Conard J., Guillois O., Nenner I., Reynaud C., Rouzaud J.-N., Astronomy & Astrophysics 315 (1996) 222

Pilleri P., Herberth D., Giesen T. F., Gerin M., Joblin C., Mulas G., Malloci G., Grabow J.-U., Brünken S., Surin L., Steinberg B. D., Curtis K. R., Scott L. T., Monthly Notices of the Royal Astronomical Society 397 (2009) 1053

Pirali O., Vervloet M., Dahl J. E., Carlson R. M. K., Tielens A. G. G. M., Oomens J., Astrophysical Journal 661 (2007) 919

Pirali O., Galué H. A., Dahl J. E., Carlson R. M. K, Oomens J., International Journal of Mass Spectrometry 297 (2010) 55

Polfer N., Sartakov B. G., Oomens J., Chemical Physics Letters 400 (2004) 201

Pope C., Howard J., Tetrahedron 52 (1996) 5161

Radzig A. A., Smirnov B. M., Reference Data on Atoms, Molecules, and Ions, Springer Series in Chemical Physics 31, ed. J. P. Toennies (1985) Springer-Verlag, Heidelberg

Rapacioli M., Calvo F., Joblin C., Parneix P., Toublanc D., Spiegelman F., Astronomy & Astrophysics 460 (2006) 519

Rapacioli M., Joblin C., Boissel P., Astronomy & Astrophysics 429 (2005) 193

Reiser J., McGregor E., Jones J., Enick R., Holder G., Fluid Phase Equilibria 117 (1996) 160

Rhee Y. M., Lee T. J., Gudipati M. S., Allamandola L. J., Head-Gordon M., Proceedings of the National Academy of Science 104 (2007) 5274

Rice C. A., Mazzotti F. J., Johnson A., Maier J. P., Electronic Spectra of Astrophysically Interesting Cations (*2010, unpublished, private communication*) ICCMSE conference proceeding

Ridley J., Zerner M., Theoretica Chimica Acta 32 (1973) 111

Rouillé G., Jäger C., Steglich M., Huisken F., Henning Th., Theumer G., Bauer I., Knölker H.-J., ChemPhysChem 9 (2008) 2085

Rouillé G., Krasnokutski S., Huisken F., Henning Th., Sukhorukov O., Staicu A., Journal of Chemical Physics 120 (2004) 6028

Rouillé G., Steglich M., Huisken F., Henning Th., Müllen K., Journal of Chemical Physics 131 (2009) 204311

Rouillé G., Steglich M., Jäger C., Huisken F., Henning Th., Theumer G., Bauer I., Knölker H.-J., ChemPhysChem 12 (2011) 2131

Rouleau F., Henning Th., Stognienko R., Astronomy & Astrophysics 322 (1997) 633

Ruiterkamp R., Cox N. L. J., Spaans M., Kaper L., Foing B. H., Salama F., Ehrenfreund P., Astronomy & Astrophysics 432 (2005) 515

Ruiterkamp R., Halasinski T., Salama F., Foing B. H., Allamandola L. J., Schmidt W., Ehrenfreund P., Astronomy & Astrophysics 390 (2002) 1153

Runge E., Gross E. K. U., Physical Review Letters 52 (1984) 997

Russ N. J., Crawford T. D., Tschumper G. S., Journal of Chemical Physics 120 (2004) 7298

Salama F., Allamandola L. J., Journal of Chemical Physics 94 (1991) 6964

Salama F., Allamandola L. J., Journal of the Chemical Society Faraday Transactions 89 (1993) 2277

Salama F., Galazutdinov G. A., Krełowski J., Allamandola L. J., Musaev F. A., Astrophysical Journal 526 (1999) 265

Salama F., Galazutdinov G. A., Krełowski J., Biennier L., Beletsky Y., Song I.-O., Astrophysical Journal 728 (2011) 154

Salama F., Organic Matter in Space, Proceedings IAU Symposium No. 251 (2008) 357

Samson J. A. R., Haddad G. N., Masuoka T., Pareek P. N., Kilcoyne D. A. L., Journal of Chemical Physics 90 (1989) 6925

Sarre P. J., Nature 351 (1991) 356

Sarre P. J., Miles J. R., Scarrott S. M., Science 269 (1995) 674

Sarre P. J., Journal of Molecular Spectroscopy 238 (2006) 1

Sassara A., Zerza G., Chergui M., Leach S., Astrophysical Journal Supplement Series 135 (2001) 263

Scarrott S. M., Watkin S., Miles J. R., Sarre P. J., Monthly Notices of the Royal Astronomical Society 255 (1992) 11P

Schmidt M. W., Baldridge K. K., Boatz J. A., Elbert S. T., Gordon M. S., Jensen J. J., Koseki S., Matsunaga N., Nguyen K. A., Su S., Windus T. L., Dupuis M., Montgomery J. A., Journal of Computational Chemistry 14 (1993) 1347

Schnaiter M., Mutschke H., Henning Th., Lindackers D., Strecker M., Roth P., Astrophysical Journal 464 (1996) L187

Schnaiter M., Mutschke H., Dorschner J., Henning Th., Salama F., Astrophysical Journal 498 (1998) 486

Shalev E., Ben-Horin N., Even U., Jortner J., Journal of Chemical Physics 95 (1991) 3147

Snow T. P., Welty D. E., Thorburn J., Hobbs L. M., McCall B. J., Sonnentrucker P., York D. G., Astrophysical Journal 573 (2002) 670

Steglich M., Bouwman J., Huisken F., Henning Th., Astrophysical Journal 742 (2011) 2

Steglich M., Huisken F., Dahl J. E., Carlson R. M. K., Henning Th., Astrophysical Journal 729 (2011b) 91

Steglich M., Jäger C., Rouillé G., Huisken F., Mutschke H., Henning Th., Astrophysical Journal 712 (2010) L16

Stephens P. J., Devlin F. J., Chabalowski C. F., Frisch M. J., Journal of Physical Chemistry 98 (1994) 11623

Staicu A., Krasnokutski S., Rouillé G., Henning Th., Huisken F., Journal of Molecular Structure 786 (2006) 105

Strelnikov D., Reusch R., Krätschmer W., Journal of Physical Chemistry A 109 (2005) 7708

Sukhorukov O., Staicu A., Diegel E., Rouillé G., Henning Th., Huisken F., Chemical Physics Letters 386 (2004) 259

Szczepanski J., Ekern S., Chapo C., Vala M., Chemical Physics 211 (1996) 359

Szczepanski J., Fuller J., Ekern S., Vala M., Spectrochimica Acta Part A 57 (2001) 775

Szczepanski J., Vala M., Journal of Physical Chemistry 95 (1991) 2792

Tan X., Spectrochimica Acta Part A 71 (2009) 2005

Thaddeus P., Philosophical Transactions of the Royal Society B 361 (2006) 1681

Thorburn J. A., Hobbs L. M., McCall B. J., Oka T., Welty D. E., Friedman S. D., Snow T. P., Sonnentrucker P., York D. G., Astrophysical Journal 584 (2003) 339

Tielens A. G. G. M., The Physics and Chemistry of the Interstellar Medium (2005) Cambridge University Press

Tielens A. G. G. M., Annual Review of Astronomy and Astrophysics 46 (2008) 289

Timms D. N., Evans A. C., Boninsegni M., Ceperley D. M., Mayers J., Simmons R. O., Journal of Physics: Condensed Matter 8 (1996) 6665

Tinti D. S., Journal of Chemical Physics 48 (1968) 1459

Tošić R., Mašulović D., Stojmenović I., Brunvoll J., Cyvin B. N., Cyvin S. J., Journal of Chemical Information and Computer Sciences 35 (1995) 181

Troy T. P., Schmidt T. W., Monthly Notices of the Royal Astronomical Society 371 (2006) L41

Tucker K. D., Kutner M. L., Thaddeus P., Astrophysical Journal Letters 193 (1974) 115

Van Herpen W. M., Meerts W. L., Dymanns A., Journal of Chemical Physics 87 (1987) 182

Van Winckel H., Cohen M., Gull T. R., Astronomy & Astrophysics 390 (2002) 147

Verstraete L., Léger A., d'Hendecourt L., Dutuit O., Défourneau. D., A&A 237 (1990) 436

Vijh U. P., Witt A. N., Gordon K. D., Astrophysical Journal 619 (2005) 368

Walker G. A. H., Bohlender D. A., Krełowski J., Astrophysical Journal 530 (2000) 362

Wang S. L., Rittby C. M. L., Graham W. R. M., Journal of Chemical Physics 107 (1997a) 6032

Wang S. L., Rittby C. M. L., Graham W. R. M., Journal of Chemical Physics 107 (1997b) 7025

Warneck P., Applied Optics 1 (1962) 721

Weilmuenster P., Keller A., Homann K.-H., Combustion and Flame 116 (1999) 62

Weltner W., McLeod D., Journal of Chemical Physics 40 (1964a) 1305

Weltner W., Thompson K. R., DeKock R. L., Journal of the American Chemical Society 93 (1971) 4688

Weltner W., Walsh P. N., Angell C. L., Journal of Chemical Physics 40 (1964b) 1299

Western C. M., PGOPHER 7.0, a Program for Simulating Rotational Structure, University of Bristol, http://pgopher.chm.bris.ac.uk

Wilkinson P. G., Journal of Molecular Spectroscopy 2 (1958) 387

Witt A. N., Boroson T. A., Astrophysical Journal 355 (1990) 182

Witt A. N., Gordon K. D., Vijh U. P., Sell P. H., Smith T. L., Xie R. H., Astrophysical Journal 636 (2006) 303

Witt A. N., Vijh U. P., Astrophysics of Dust ASP Conference Series 309 (2003) 115

Wyss M., Grutter M., Maier J. P., Chemical Physics Letters 304 (1999) 35

Yashonath S., Rao C. N. R., Journal of Physical Chemistry 90 (1986) 2552

Danksagung

Diese Arbeit wurde in der Laborastrophysik- und Clusterphysik-Gruppe des Max-Planck-Instituts für Astronomie (Heidelberg) am Institut für Festkörperphysik der Friedrich-Schiller-Universität Jena angefertigt.

Ich möchte mich zuallererst herzlichst bei meinem betreuenden Hochschullehrer Prof. Dr. Friedrich Huisken bedanken, der mir bezüglich der hier vorgestellten Forschungen die Richtung wies. Durch akribisches Durcharbeiten meiner Manuskripte, wie beispielsweise der vorliegenden Arbeit, verbunden mit zahlreichen Verbesserungsvorschlägen, sorgte er stets für eine Aufwertung der wissenschaftlichen Inhalte.

Für die finanzielle Unterstützung während der vergangenen drei Jahre, u.a. im Rahmen eines Stipendiums, bedanke ich mich des Weiteren bei Prof. Dr. Thomas Henning, Direktor des Max-Planck-Instituts für Astronomie. Finanziell wurde diese Arbeit außerdem durch die Deutsche Forschungsgemeinschaft (DFG) unterstützt.

Ein besonders dickes Dankeschön möchte ich an Dr. Gaël Rouillé richten, der immer ein offenes Ohr für mich hatte und der mir bei Problemen fast immer mit wertvollen Ratschlägen und Tipps weiterhelfen konnte. Ohne ihn wäre es mir wesentlich schwieriger gefallen, mich in das für mich neue Thema einzuarbeiten. Seine Kompetenz sowohl in experimentellen als auch in theoretischen Belangen habe ich in den letzten Jahren sehr zu schätzen gelernt.

Ebenfalls ein dickes Dankeschön geht an Dr. Cornelia Jäger, die mich im Zusammenhang mit der PAH-Kondensation und chemischen Extraktion stets unterstützen konnte. Zudem war sie hauptverantwortlich für die Komponentenanalyse und Extraktion mittels HPLC tätig. In diesem Zusammenhang bin ich außerdem äußerst dankbar für die technische Unterstützung von Frau Gabriele Born, die geduldig viele zeitaufwendige Arbeiten übernommen hat. Beide haben darüber hinaus TEM-Aufnahmen an Rußpartikeln aus der Laserpyrolyse für mich angefertigt.

Bei Dr. Harald Mutschke bedanke ich mich dafür, dass ich die Gerätschaften, wie z.B. die FTIR- und VUV-Spektrometer, und Räumlichkeiten seines Labors für eigene Messungen in Beschlag nehmen konnte. Das gleiche gilt für die FUV-Wasserstoffentladungslampe, die ich dankenswerterweise in unser Labor im Institut für Festkörperphysik entführen durfte. Er und Dr. Kamel A. Khalil Gadallah haben zudem die Strahlungsintensität der FUV-Lampe gemessen. Beiden möchte ich auch für die technische Unterstützung bei der Bedienung des VUV-Spektrometers danken.

Beim Aufbau der MIS-Messanordnung wurde ich ferner von der Feinmechanikwerkstatt der Physikalisch-Astronomischen Fakultät unterstützt. Stellvertretend geht mein Dank hier an deren Leiter Herrn Peter Hanse, der mich stets hilfreich beraten hat und meine technischen Zeichnungen in kürzester Zeit in die Realität umgesetzt hat. Ebenfalls bedanke ich mich bei der Elektronikwerkstatt und Herrn Reiner Bark sowie Herrn Peter Engelhardt, die insbesondere bei technischen Problemen mit dem CO_2-Laser umgehend zur Stelle waren.

Ein besonderes Dankeschön geht im Weiteren an Prof. Dr. Harold Linnartz, der mich nach Leiden eingeladen hat und mir einen einmonatigen Forschungsaufenthalt am *Raymond and Beverly Sackler Laboratory for Astrophysics* ermöglichte. Dort konnte ich mit Dr. Jordy Bouwman spannende Experimente durchführen. Jordy möchte ich besonders dafür danken, dass er diese Zeit für mich erübrigen konnte, obwohl der Abgabetermin seiner Doktorarbeit kurz bevorstand.

Darüber hinaus bin ich weiteren Personen zu Dank verpflichtet, ohne die das Gelingen dieser Arbeit nicht möglich gewesen wäre. Prof. Dr. William Graham von der *Texas Christian University* initiierte mit seinem Besuch die Untersuchungen an Kohlenstoffradikalen. Ihm und seiner Arbeitsgruppe danke ich auch für konstruktionsbedingte Hinweise bezüglich der Kombination von Laserverdampfung und MIS. Dr. Jeremy Dahl von der *Stanford University* und Dr. Robert Carlson von *Chevron Technology Ventures* danke ich für die Bereitstellung der Diamantoidproben sowie hilfreichen Kommentaren zum entsprechenden Fachartikel. Für die Bereitstellung diverser PAH-Proben muss ich mich schließlich noch bei Prof. Dr. Hans-Joachim Knölker von der TU Dresden (Corannulen und DBR) und Prof. Dr. Klaus Müllen vom MPI für Polymerforschung in Mainz (HBC) sowie deren Arbeitsgruppen bedanken.

Die durchgeführten theoretischen Betrachtungen wären nicht möglich gewesen, wenn die vielen fleißigen Programmierer von Software für Molekülberechnungen, wie Octopus, Gamess und PGopher, ihre Programmpakete nicht kostenlos zur Verfügung stellen würden.

Zu guter Letzt möchte ich mich bei allen bisher ungenannten, jetzigen und ehemaligen Mitgliedern der Laborastrophysik- und Clusterphysik-Arbeitsgruppe für unzählige kleine Hilfen in allen Lebenslagen bedanken. Dazu zählen Dr. Marco Arold, Torsten Schmidt, Karsten Potrick, Dr. Yvain Carpentier, Dr. Sergiy Krasnokutskiy, Tolou Sabri, Jana Sommerfeld und Dr. Libo Ma. Ein besonderer Dank gebührt meinen Eltern, meinem Bruder und meinen Freunden, die es schafften, mich zumindest zeitweise von der Arbeit abzulenken. Ein dickes Dankeschön geht zum Schluss noch an Manuela für das gewissenhafte Korrekturlesen der vorliegenden Arbeit.

Veröffentlichungen in Fachzeitschriften

- M. Steglich, J. Bouwman, F. Huisken, Th. Henning: Can neutral and ionized polycyclic aromatic hydrocarbons be carriers of the ultraviolet extinction bump and the diffuse interstellar bands?, Astrophysical Journal 742 (2011) 2.

- G. Rouillé, M. Steglich, C. Jäger, F. Huisken, Th. Henning, G. Theumer, I. Bauer, H.-J. Knölker: Spectroscopy of dibenzorubicene: Experimental data for a search in interstellar spectra, ChemPhysChem 12 (2011) 2131.

- R. Gredel, Y. Carpentier, G. Rouillé, M. Steglich, F. Huisken, T. Henning: Abundances of PAHs in the ISM: Confronting observations with experimental results, Astronomy & Astrophysics 530 (2011) A26.

- J. Bouwman, H. M. Cuppen, M. Steglich, L. J. Allamandola, H. Linnartz: Photochemistry of polycyclic aromatic hydrocarbons in cosmic water ice. II. Near UV/VIS spectroscopy and ionization rates, Astronomy & Astrophysics 529 (2011) A46.

- M. Steglich, F. Huisken, J. E. Dahl, R. M. K. Carlson, Th. Henning: Electronic spectroscopy of FUV-irradiated diamondoids: A combined experimental and theoretical study, Astrophysical Journal 729 (2011) 91.

- M. Steglich, C. Jäger, G. Rouillé, F. Huisken, H. Mutschke, Th. Henning: Electronic spectroscopy of medium-sized polycyclic aromatic hydrocarbons: Implications for the carriers of the 2175 Å UV bump, Astrophysical Journal 712 (2010) L16.

- G. Rouillé, M. Steglich, F. Huisken, Th. Henning, K. Müllen: UV/Vis spectroscopy of matrix-isolated hexa-peri-hexabenzocoronene: Interacting electronic states and astrophysical context, Journal of Chemical Physics 131 (2009) 204311.

- G. Rouillé, C. Jäger, M. Steglich, F. Huisken, Th. Henning, G. Theumer, J. Bauer, H.-J. Knölker: IR, Raman, and UV-Vis spectra of corannulene for use in possible interstellar identification, ChemPhysChem 9 (2008) 2085.

Die VDM Verlagsservicegesellschaft sucht für wissenschaftliche Verlage abgeschlossene und herausragende

Dissertationen, Habilitationen, Diplomarbeiten, Master Theses, Magisterarbeiten usw.

für die kostenlose Publikation als Fachbuch.

Sie verfügen über eine Arbeit, die hohen inhaltlichen und formalen Ansprüchen genügt, und haben Interesse an einer honorarvergüteten Publikation?

Dann senden Sie bitte erste Informationen über sich und Ihre Arbeit per Email an *info@vdm-vsg.de*.

Sie erhalten kurzfristig unser Feedback!

VDM Verlagsservicegesellschaft mbH
Dudweiler Landstr. 99
D - 66123 Saarbrücken

Telefon +49 681 3720 174
Fax +49 681 3720 1749

www.vdm-vsg.de

Die VDM Verlagsservicegesellschaft mbH vertritt

Printed by Books on Demand GmbH, Norderstedt / Germany